Mein gesunder Schweizer Sennenhund

Appenzeller · Berner · Entlebucher · Großer Schweizer

Dominik Kieselbach

bede bei Ulmer

Mein besonderer Dank gilt Frau Dr. Anneliese Schulz, Zuchtwartin des SSV, für ihre kompetente und konstruktive fachliche Beratung, für die Zeit, die sie mir in ihrer Praxis zur Verfügung gestellt hat, und die Durchsicht des Skripts.
Ferner danke ich den Familien Anker, Eckey und dem Entlebucher Zwinger der Familie Zoeger, Berlin, herzlich für ihr Fotomaterial. Herausheben möchte ich hier den Einsatz von Herrn und Frau Hasselmann, die mir mit ihrem Entlebucher Rüden Ascan auch für die Aufnahmen beim Tierarzt zur Seite standen und einen Großteil des Fotomaterials zu diesem Buch stellten.
Nicht zuletzt danke ich dem SSV für die freundliche Unterstützung!

Bildnachweis: Isabelle Francais, Familie Zoeger, Familie Eckey, Familie Hasselmann,
                Familie Anker, Joachim Kieselbach

Hinweis

In diesem Buch sind die Namen von Medikamenten, die zugleich eingetragene Warenzeichen sind, als solche nicht besonders kenntlich gemacht. Es kann also aus der Bezeichnung der Ware mit dem für diese eingetragenen Warenzeichen nicht geschlossen werden, dass die Bezeichnung ein freier Warenname ist. Die Markennamen wurden nur beispielhaft aufgeführt. Hinsichtlich der in diesem Buch angegebenen Dosierungen von Medikamenten usw. wurde die größtmögliche Sorgfalt beachtet. Gleichwohl werden die Leser aufgefordert, die entsprechenden Beipackzettel der Hersteller zur Kontrolle heranzuziehen. Die beispielhafte Auflistung von Medikamenten bzw. Wirkstoffen ist kein Beweis dafür, dass diese in Deutschland zugelassen sind. Der behandelnde Tierarzt ist aufgefordert, die jeweilige (Zulassungs-)Situation zu überprüfen.
Die in diesem Buch enthaltenen Empfehlungen und Angaben sind vom Autor mit größter Sorgfalt zusammengestellt und geprüft worden. Eine Garantie für die Richtigkeit der Angaben kann aber nicht gegeben werden. Autor und Verlag übernehmen keinerlei Haftung für Schäden und Unfälle. Der Leser sollte bei der Anwendung der in diesem Buch enthaltenen Empfehlungen sein persönliches Urteilsvermögen einsetzen.
Der Verlag Eugen Ulmer ist nicht verantwortlich für den Inhalt von Links.

Bibliografische Information der Deutschen Nationalbibliothek
Die Deutsche Nationalbibliothek verzeichnet diese Publikation in der Deutschen Nationalbibliografie; detaillierte bibliografische Daten sind im Internet über http://dnb.d-nb.de abrufbar.

© 2002, 2010 Eugen Ulmer KG
Wollgrasweg 41, 70599 Stuttgart (Hohenheim)
E-Mail: info@ulmer.de
Internet: www.ulmer.de
Titelfoto: Bildagentur Waldhäusl / Huetter, C. / Arcc Images
Umschlagentwurf: Sojus Design, Jan Twelbeck, Stuttgart
Druck und Bindung: Westermann Druck, Zwickau
Printed in Germany

ISBN 978-3-8001-6922-1

Inhalt

Die Schweizer Sennenhunde erfreuen sich immer größerer Beliebtheit. Noch vor wenigen Jahren sah man fast ausschließlich den Berner Sennenhund bei uns. Heute treffen wir auch den Großen Schweizer Sennenhund, den Appenzeller Sennenhund und den Entlebucher Sennenhund in immer mehr Familien an. Dabei bestechen alle vier Rassen nicht nur durch ihre schöne, dreifarbige Zeichnung, sondern vor allem durch ihren sanften Charakter und ihre Menschenliebe. Ihre unterschiedliche Entstehungsgeschichte zeigt sich noch heute in ihren rassetypischen Eigenheiten. Neben einem rassemonographischen Teil befasst sich dieses Buch vor allem mit der Gesundheitsvorsorge, denn der Gesunderhaltung Ihres Hundes muss Ihre gesamte Aufmerksamkeit gelten. Hier spielen so wichtige Punkte wie die richtige Ernährung und eine verantwortungsbewusste Erziehung eine ebenso große Rolle, wie die Früherkennung verschiedener Krankheiten. Neben diesen Themen erfahren Sie auch, was Sie beim Welpenkauf berücksichtigen müssen, wie Sie Ihren Schweizer Sennenhund am besten durch seine einzelnen Lebensabschnitte begleiten und welche Krankheitserreger Ihrem Hund Probleme bereiten können. In einem eigenen Kapitel erhalten Sie eine Übersicht über die wichtigsten Erste-Hilfe-Maßnahmen und lernen, Notfallsituationen richtig einzuschätzen.

Dieses Buch befasst sich nur am Rand mit dem Ausstellungswesen und der Zucht. Es soll Ihnen als verantwortungsbewussten Hundehalter vielmehr das Wissen vermitteln, das Sie benötigen, um Ihren Schweizer Sennenhund so lange wie möglich vital, aktiv und gesund zu halten.

Immer häufiger sehen wir auch den Appenzeller Sennenhund bei uns. Vom Berner Sennenhund unterscheidet ihn nicht nur sein Äußeres, sondern auch sein lebhafter Charakter.
Foto: I. Francais

Der bekannteste und am häufigsten gehaltene der Schweizer Sennenhunde ist auch heute noch der hier abgebildete Berner Sennenhund. Sein langes Fell macht ihn unverwechselbar. Wie alle anderen Schweizer Sennenhunde hat er seinen Ursprung als Gebrauchshund der Bauern und diente ihnen vor allem als Hofhund.
Foto: I. Francais

Der Ursprung der Schweizer Sennenhunde lässt sich ungefähr 6 000 Jahre zurückverfolgen und liegt somit in der Zeit weit vor Christi Geburt. Schon damals existierten in dem Gebiet der heutigen Schweiz Hunde, die in ihrer Größe den modernen Sennenhunden entsprachen. Einige Kynologen versuchen, die Schweizer Sennenhunde in eine direkte Ahnenfolge mit der Tibetdogge zu stellen. Zu dieser Zeit war sie ständiger Begleiter der römischen Heere bei ihren Zügen durch die Alpen. Bekannt war die Tibetdogge als Molosserhund und wurde vor allem als Schutzhund mitgeführt. Sicher sind die Molosser nicht die direkten Vorfahren der Schweizer Bauernhunde, viel wahrscheinlicher ist es, dass es sich bei den Vorfahren der heute bekannten Sennenhundrassen um vielfältige Mischlinge handelt, gezeugt von einheimischen Hunden mit denen der durchziehenden Heere. Der Hundebestand war unbestritten schon da und Paarungen mit den durchwandernden Hunden waren ganz selbstverständlich und recht willkürlich.

Die Schweiz entwickelte sich Anfang des fünfzehnten Jahrhunderts weg vom Durchgangsland. Die Schweiz war fortan relativ isoliert in Europa und auch die einheimischen Bauernhunde vermehrten sich vorwiegend untereinander. Die Isolation lokaler Hundebestände wurde dadurch begünstigt, dass sich die Hunde in der nur zerstreut besiedelten Schweiz auf recht kleine Gruppen aufteilten, die eng an ein Gehöft oder eine kleinere Ortschaft gebunden waren. Diese kleinsten Fortpflanzungsgemeinschaften lebten teilweise in schwer zugänglichen Tälern. Im weitesten Sinne liegt hier den Anfang einer Rassebildung, denn nehmen Sie eine der einfachsten Voraussetzungen für die Entstehung einer Rasse, ist diese die Isolation weniger Mitglieder einer Art. Als Folge bedeutet dies, dass sich nicht mehr jeder Hund beliebig mit jedem anderen paaren konnte, der Genpool war geschlossen. So entstanden einige regionale Schläge, die über die Zeit immer stärker ihre Eigenständigkeit in Aussehen und Wesen entwickelten.

Den Bauern in den vergangenen Jahrhunderten können wir getrost unterstellen, dass sie auf das Aussehen ihrer Hunde weniger Wert legten als auf ihre Gebrauchseigenschaften. Ein zuverlässiger Hüte- oder Treibhund wurde eher für künftige Paarungen herangezogen als sein ungeeigneter, dafür aber schönerer Nebenbuhler. Am Anfang der Zucht, wenn man diese erste Selektion in früheren Zeiten so nennen will, waren es also rein pragmatische Gründe, die zur Auswahl der Elternhunde führten. Äußerlichkeiten standen im Hintergrund. Die regionalen Unterschiede bildeten sich rein aus Gründen der begrenzten Anzahl von Fortpflanzungspartnern heraus, wobei eine daraus resultierende Inzucht diesen Prozess beschleunigte. Ähnlichkeiten, die sie auf alten Abbildnugen zu den heutigen Sennenhundrassen erkennen können, sind natürlich vorhanden, doch sehen Sie hier nur im weitesten Sinne einen Vorläufer der heutigen Rasse, da eine Zucht auf dieses Aussehen hin weitgehend fehlte. Aber es waren genau diese Hunde, die Ende des neunzehnten und Anfang des zwanzigsten Jahrhunderts den Grundstock für die Zucht der heutigen Schweizer Sennenhundrassen bildeten.

Die eigentliche Entstehung einer Rasse ist formal gesehen ein sehr nüchterner Vorgang, bei dem ein Standard niedergeschrieben wird. Zuchtschauen finden statt, auf denen nur die Hunde zur weiteren Zucht zugelassen werden, die dem festgelegten Rassestandard entsprechen. Hier rücken allzu oft die äußeren Merkmale einer Rasse in den Vordergrund und leider wird bei manchen Rassen nicht genügend auf die Gesundheit und die charakterlichen Eigenschaften geschaut. Bei vielen Rassen aber wird versucht, den ursprünglichen Charakter und ihre Gebrauchseigenschaften zu erhalten. Wesenszüge wie Treue, Aggressivität oder auch eine besondere Ausdauer stehen stärker im Vordergrund als eine bis ins Detail korrekte Zeichnung oder Fellfarbe.

Die Wesenszüge der Schweizer Sennenhunde wurden über Jahrhunderte hinweg gefördert und in engen Bahnen gezüchtet.

Hunde, die sich bei den ihnen gestellten Aufgaben als nützlich erwiesen, wurden häufiger verpaart, als diese, die sich nicht so schlau anstellten. Es ist nicht verwunderlich, dass wir bei beiden Schlägen der Sennenhunde, dem großen Schlag mit dem Großen Schweizer und dem Berner Sennenhund und dem kleinen Schlag mit Appenzeller und Entlebucher, noch immer diese urtümlichen Wesenszüge finden.

Die Aufgaben waren ganz natürlich auf die beiden Schläge verteilt. Während die kleineren, wendigen Hunde bei den Viehherden waren, diese hüteten und zusammentrieben, bewachten die großen Sennenhunde Haus und Hof, mussten Lasten und Karren bewegen und Zugarbeiten auf der Alm verrichten. Insgesamt mussten die Hunde robust sein, denn ein Bauer konnte ihnen nicht viel Komfort bieten.

Der Appenzeller Sennenhund wurde früher vor allem als Treibhund gezüchtet, der das Vieh selbstständig auf die Alm brachte und dort zusammenhielt.
Foto: I. Francais

Sie mussten sich gut in die Familie einfügen. Alle vier Rassen zeigen auch heute noch ihr typisches Temperament und ihren ganz eigenen Charakter, der für ihre ursprüngliche Verwendung so wichtig war.

Die Schweizer Bauernhunde werden Rassehunde

So weit der Ursprung der Schweizer Sennenhunde zurückverfolgt werden kann, so kurz ist ihr Bestehen als Rasse. Der anfängliche Weg war für alle vier Rassen und ihre Förderer sehr steinig und mühsam. Als durch den Eisenbahnbau Mitte bis Ende des neunzehnten Jahrhunderts immer entlegenere Gebiete der Schweiz erschlossen wurden, wurde die Isolation der bestehenden Lokalschläge aufgehoben. Sie begannen, sich zu durchmischen. Der Verlust der heimischen Sennenhunde in ihrer ursprünglichen Form war zu befürchten. Eine Lobby war schwer zu finden, denn den Bauern war wichtig, dass der Hund seine Aufgaben erledigte und in den Städten war es in, Rassehunde zu importieren, allen voran den Bernhardiner. Die heimischen Lokalschläge waren bedroht, denn eine Vermischung der einzelnen Schläge durch die schnellen und inzwischen bequemen Schienenverbindungen war nicht aufzuhalten. Wichtig war es nun, begeisterte Hundeliebhaber zu finden, die sich um den Erhalt dieser alten Bauernhunde kümmerten. Wie aber sahen die Sennenhunde damals aus? Wir finden zu dieser Zeit bestimmt jede erdenkbare Form vom Großen Schweizer und Berner Sennenhund bis hin zum Appenzeller und Entlebucher, wobei die Abzeichen der Hunde nicht die Symmetrie der heutigen Rassen zeigten und viele ursprüngliche Hunde der heute dreifarbigen Rassen nur zweifarbig waren.

Aufgabe und Ziel der Förderer war es, aus dieser bunten Ansammlung die schönsten und typischsten Schläge herauszufiltern und zu züchten. An dieser Stelle soll Professor A. Heim Erwähnung finden, der zu Beginn der Zucht aller vier Sennenhundrassen als Richter zur Verfügung stand und maßgeblich an der Ausarbeitung der ersten Rassestandards beteiligt war, die fast unverändert bis heute gelten. Als Züchter der Schweizer Sennenhunde hat sich unter anderen Franz Schertenleib einen Namen gemacht. Durch seine akribische Suche nach Hunden, die den Rassestandards entsprachen, hat er die schönsten Hunde des Landes der Zucht zugeführt und für einen hervorragenden Grundstock der Reinzucht sorgen können.

Der Große Schweizer Sennenhund

Der Große Schweizer Sennenhund lässt sich bis zu den Karrenhunden der Hausierer und kleinen Händler zurück verfolgen. Es waren die größten Sennenhunde, die prädestiniert waren, schwer bepackte Karren zu ziehen. Am Rande der Ausbeutung stehend, erließen einige Kantone Gesetze, die sowohl Mindestgröße und -alter der Zughunde, als auch Lastbeschränkungen vorgaben. Dennoch mussten die Hunde sehr robust sein, denn auch ihre Herren führten kein leichtes Leben und hatten nichts zu verschenken. Professor Heim erkannte 1908 auf einer Ausstellung in Langenheim in einem auffallend stockhaarigen und zudem sehr kräftigen „Berner" Sennenhund, der ihm von Franz Schertenleib präsentiert wurde, einen selten gewordenen Metzgerhunde und war von ihm sofort angetan. Dies war die Geburtsstunde der bis dahin nicht vertretenen Rasse des Großen Schweizer Sennenhundes. Franz

Der Große Schweizer Sennenhund wurde als kräftiger Zughund häufig vor Karren gespannt und konnte selbst größere Lasten bewegen. Foto: Fam. Anker

Schertenleib setzte alles daran, weitere Zuchthunde im Land zu finden, zu erwerben und der Reinzucht zuzuführen. Obwohl immer wieder Große Schweizer Sennenhunde ohne Abstammung der Zucht zugeführt wurden, können wir eine Verengung der Zuchtlinie feststellen. Um die Zuchtlinie zu verbreitern und nicht in die Verlegenheit einer starken Inzucht zu kommen, wurden Mitte des zwanzigsten Jahrhunderts Berner Sennenhunde eingekreuzt. Da die Stockhaarigkeit der Großen Schweizer dominant vererbt wird, stellte diese Einkreuzung glücklicherweise kaum Probleme für die Einhaltung des Rassestandards dar. Beim VDH (Verband für das Deutsche Hundewesen e. V.) weist die Welpenstatistik für die letzten Jahre schwankende Welpenzahlen aus. Wurden 1999 noch 171 Welpen gemeldet, waren es 2000 nur 146. Betrachtet man die Gesamtentwicklung der letzten Jahre, ist der Bestand des Großen Schweizer Sennenhundes aber gesichert.

Der Berner Sennenhund

Der Berner Sennenhund hatte seine größte Verbreitung im Kanton Bern und dort vor allem im südlich gelegenen Dürrbachgebiet. Seinem Ursprung nach wurde er zunächst unter dem Namen „Dürrbächler" bekannt. Diese schönen Bauernhunde wurden Mitte des neunzehnten Jahrhunderts unter dem Druck der aufkommenden Erschließung entlegener Gebiete und der Vorliebe der wohlhabenden Landbevölkerung zu edleren Rassehunden seltener. Die Bauern im Kanton Bern waren nicht arm, was schon der Umstand zeigt, dass sie sich große Hunde leisten konnten. Die Dürrbächler bewachten den Hof und die Viehherden, aber ihr Besitz bedeutete auch ein gewisses Prestige, da sie verhältnismäßig teuer im Unterhalt waren. Nur in dieses südliche, etwas abgelegene Gebiet um den Dürrbachweiler verirrte sich zu dieser Zeit kaum jemand, der fremde Hunde einführte und wahrscheinlich

Der Berner Sennenhund war ursprünglich Hof- und Wachhund der Schweizer Bauern. Vor allem im Dürrbachgebiet wurde er gezüchtet und verbreitete sich von dort über die gesamte Welt.
Foto: J. Kieselbach

hätte man sich hier auch gar nicht so sehr für sie interessiert. Der Dürrbächler war ein hervorragender Wachhund, wurde aber auch zum Karrenziehen eingesetzt, genau wie sein großer Bruder, der Große Schweizer Sennenhund. So verbreitet und angesehen der Dürrbächler auch war, kynologische Beachtung fand er wie alle Sennenhunde nicht so schnell. Im Jahre 1883 wurde zwar die „Schweizerische Kynologische Gesellschaft" gegründet, die befasste sich aber reichlich wenig mit den einheimischen Hunden, sondern sprang vielmehr auf den wesentlich lukrativeren Zug des immer bekannter werdenden Bernhardiners auf. Erst 1899 wurde mit der „Berna" ein Verein geschaffen, der sich besonders mit den schweizer Hunderassen befasste. Allen voran setzte sich der Berner Fritz Probst für den Dürrbächler ein, der ihm seit seiner Kindheit vertraut war. Trotz des steigenden Interesses für die heimischen Hunderassen wurden erst im Jahr 1904 auf der Internationalen Hundeschau in Bern die ersten Dürrbächler, übrigens durch Probst als Richter, in das Stammbuch aufgenommen. Nur vier Hunde bestanden vor Probsts Augen. Trotzdem muss diese Ausstellung als der Durchbruch für den Dürrbächler angesehen werden. Zwei weitere Namen sollen an dieser Stelle erwähnt werden: Es sind der Züchter Franz Schertenleib, der schon 1892 seinen ersten Dürrbächler erwarb, ohne aber eine Zucht anzustreben, und Prof. A. Heim, der sich sofort für den Dürrbächler erwärmte. Franz Schertenleib war der eifrigste Sammler der Dürrbächler, die er auf ausgedehnten Touren im Lande den Bauern abkaufte, nicht aber der erste Züchter. Diese Ehre gebührt den Burgdorfer Fabrikanten M. Schafroth, E. Heiniger, E.

Günther und G. Mumenthaler. In Luzern fand im Jahr 1907 eine Ausstellung statt, auf der sie ihre Hunde dem Richter Heim vorstellten. Im Zug der wachsenden Begeisterung für ihre Hunde gründeten sie noch im selben Jahr den „Schweizerischen Dürrbachklub zur Förderung reinrassiger Dürrbachhunde" unter dem Vorsitzt von Fritz Probst. Ein Jahr später regte Prof. Heim die Umbenennung des Dürrbächlers in „Berner Sennenhund" an, was jedoch auf so einen heftigen Widerstand stieß, dass eine Änderung des Namens erst 1913 erfolgreich war. Heutzutage kennt jeder diesen wunderschönen Hund unter seinem neuen Namen. Nur in seinem Ursprungsgebiet wird er noch heute Dürrbächler genannt. Die Welpenstatistik des VDH zeigt seit Jahren mit jährlich knapp über 1 600 Meldungen eine recht konstante Welpenzahl. Im Jahr 2000 gingen die Meldungen leicht auf 1 365 zurück.

Der Appenzeller Sennenhund

Auch der Appenzeller Sennenhund kann auf alteingesessene, ursprüngliche Bauernhunde zurückgeführt werden, die, wie bereits erwähnt, seit Jahrhunderten in der Schweiz vorkommen. Seine Entstehungsgeschichte liegt entsprechend seiner Verwendung etwas anders als bei den großen Sennenhundrassen. Der kleinere Appen-

das Vieh meist energisch mit den Hinterhufen austritt. Diesem Tritt verstehen es die Treibhunde vorzüglich auszuweichen. Die Bemühungen, aus den Treibhunden einen Rassehund zu machen, verliefen zunächst Ende des neunzehnten Jahrhunderts mehr oder weniger im Sand. Zwar erhielten die Treibhunde 1895 durch Max Siber einen begeisterten Fürsprecher, leider verstarb er aber schon vier Jahre später im Jahr 1899.

Auf diesem Foto sehr schön zu sehen ist die für den Appenzeller Sennenhund typische Ringelrute. Seine Qualitäten als aufmerksamer Treibhund kann er auch heute noch unter Beweis stellen. Foto: Fam. Eckey

zeller hat als Vorfahren die sogenannten Treibhunde, die seit dem fünfzehnten Jahrhundert das Vieh auf die Weiden führten und es zusammenhielten. Hierfür brauchte man keine besonders großen oder kräftigen Hunde, sie mussten vielmehr geschickt, flink und wendig sein, um beim Treiben nicht Opfer des austretenden Viehs zu werden. Beim Viehtreiben beißt der Treibhund dem entlaufenen Vieh leicht in die Ferse, was man „stechen" nennt, woraufhin

Die Treibhunde waren zu dieser Zeit weit entfernt von einer einheitlichen Rasse. Die Hunde in der Appenzeller Landschaft, in den Kantonen Bern und Luzern und auch andererorts waren mehr noch als ihre großen Verwandten nicht auf das Äußere, sondern rein auf ihre Fähigkeiten als Viehtreiber gezüchtet worden und zeigten sich äußerlich mehr als uneinheitlich. Ein noch größeres Problem auf dem Weg zum Rassehund bestand jedoch im Unwillen und

Unverständnis der Treibhundbesitzer, Sibers Plan einer Reinzucht zu unterstützen. Ein Schicksal, das alle Sennenhunde treffen konnte, ereilte den Treibhund vielleicht am schnellsten: Zeigte er sich als nicht geeignet, wurde er gegessen. Ein Grund, warum Max Siber auf seinen Erkundungen auf viele kastrierte Hunde traf, denn so setzten diese schneller mehr Fett an. Der Fortbestand der Treibhunde war gegen Ende des neunzehnten Jahrhunderts ernsthaft in Gefahr, denn es wurden immer weniger von ihnen benötigt. Wäre nicht einmal mehr Professor Heim für den Erhalt dieses Hundeschlags eingetreten, wäre er wohl schon bald aus der schweizer Landschaft verschwunden. Im Jahr 1906 wurde der erste „Appenzeller Sennenhund Club" unter dem Vorsitz von Joseph Gmünder gegründet. In das Zuchtbuch wurden in den nächsten zehn Jahren über hundert Appenzeller eingetragen – nach dem Rassestandard, den Professor Heim aufstellte. Trotz steigender Welpenzahlen ist die Zuchtbasis des Appenzellers bis heute sehr schmal geblieben. Hier zeigt sich glücklicherweise noch, wie gesund und robust die Treibhunde durch die jahrhundertelange Geschichte der Sennenhunde und Auslese der Viehbauern geworden sind und bisher trotz schmaler Zuchtbasis genetisch gesund sind. Die Welpenstatistik des VDH zählt in den letzten Jahren durchschnittlich über 80 Welpen, 2000 gab es mit 67 Einträgen immerhin 10 Welpen mehr als im Vorjahr.

Der Entlebucher Sennenhund

Der Entlebucher Sennenhund hatte wohl von allen vier Sennenhundrassen den schwierigsten Start in sein Rassehunddasein. Seine ersten Fürsprecher, E. Baur und den Appenzeller-Förderer M. Siber, hatte der Entlebucher schon im ausgehenden neunzehnten Jahrhundert, doch dauerte es noch beinahe dreißig Jahre bis die ersten erwähnenswerten Eintragungen ins Zuchtbuch vorgenommen werden konnten.

Der Entlebucher stammt, wie auch der Appenzeller, von Treibhunden ab. Einen Standard klar aus der damaligen Ansammlung von Treibhunden herauszulesen, war jedoch nicht ganz einfach. Zu vermischt und unheitlich präsentierte sich dieser Treibhundschlag, der kleiner und gedrungener wirkte als der Appenzeller. Die Hunde schwankten in ihrer Größe, die Farben gingen von der Einfarbigkeit bis zur seltenen Dreifarbigkeit, auch die Felllänge war uneinheitlich. Hier erkennen Sie schon die ersten Probleme der Reinzucht: Es war sehr schwierig, einen geeigneten Zuchtstamm aufzubauen, schwieriger als bei den übrigen drei Rassen. Wieder einmal gelang es Franz Schertenleib einige Entlebucher im Land ausfindig zu machen und präsentierte sie Professor Heim 1913 auf der Langenthaler Ausstellung. Obwohl sich dieser, ganz anders als bei den drei anderen Sennenhundrassen, anfangs nicht sehr begeistert von einer weiteren Rasse zeigte, sorgte doch seine 1914 erschienene Schrift über die Schweizer Sennenhunde, in der er auch den Entlebucher erwähnte, für eine größere Aufmerksamkeit. Auf der Berner Landesausstellung im selben Jahr wurden dann zwar fünf Entlebucher aus den Händen Schertenleibs vorgeführt, vom Beginn einer Zucht kann allerdings nicht gesprochen werden. Niemand interessierte sich so recht für diese kleinen Hunde und hätte sich nicht der Tierarzt Dr. Kobler der Rasse angenommen, wäre diese kleinste Sennenhundrasse heute weitge-

Der Entlebucher ist der kleinste Vertreter der vier Schweizer Sennenhundrassen. Heute erfreut er sich wegen seiner grenzenlosen Treue und Anhänglichkeit immer größerer Beliebtheit. Foto: Fam. Hasselmann

hend verschwunden. Im Jahr 1924 machte er sich auf die Suche nach den Hunden und wurde dabei entscheidend von Franz Schertenleib unterstützt. Dr. Kobler konnte schon im Jahr 1928 in Sankt Gallen den ersten „Schweizer Club für Entlebucher Sennenhunde" gründen. Von einem Durchbruch konnte allerdings auch jetzt nur vorübergehend gesprochen werden. Die ersten Zuchthunde entsprachen bei weitem nicht dem heutigen Standard. Vor allem in Größe und Zeichnung variierten sie sehr. Obwohl die Treibhunde seit Jahrhunderten einer sehr strengen Zuchtauslese unterlagen, zeigten sich die ersten Entlebucher auch charakterlich recht uneinheitlich, was am meisten verwundern durfte.

Einen weiteren Rückschlag erhielt die Zucht durch den Zweiten Weltkrieg, gerade als der Entlebucher auch in seiner Heimat, den Tälern der Entlen in den Kantonen Luzern und Bern, Anerkennung bei der Bevölkerung fand und sich die Neueinträge mehrten. Ganze drei Rüden und drei Hündinnen zählt der Verein bei Kriegsende 1945. In den folgenden Jahren sollte es aber wieder bergauf gehen. In den letzten Jahren stiegen die Eintragungen stetig an und die Welpenstatistik des VDH meldet jährlich über 200 Neueinträge, 2000 waren es 204 Welpen. Wir scheinen uns zumindest für jetzt keine Sorgen um den Fortbestand dieser Rasse machen zu müssen.

Wenn ich die vier Schweizer Sennenhundrassen beisammen sehe, muss ich unwillkürlich schmunzeln. Sehen sie doch nebeneinander, mit ihrer mehr oder weniger gleichen Zeichnung und Dreifarbigkeit, wie vier ungleiche Geschwister aus. Im Prinzip sind sie das ja auch. Alle wurden sie aus den ursprünglichen Hof- und Zughunden, den Treib- und Hütehunden der Schweiz gezüchtet. Dem Köperbau entsprechend wurden die größeren Hunde zur Bewachung des Hofs oder zum Karrenziehen herangezogen, hier haben der Berner und der Große Schweizer Sennenhund ihre Wurzeln, oder sie hüteten und trieben das Vieh, wie die Ahnen der Appenzeller und der Entlebucher Sennenhunde. Die vier inzwischen klar voneinander abgegrenzten Rassen gab es freilich in den vorigen Jahrhunderten noch nicht, es herrschte ein reges Durcheinander und die Rassen wurden nach den Vorstellungen ihrer Förderer, allen voran Professor Heim, gezüchtet, ohne dabei jedoch Kunstrassen zu erschaffen. Vielmehr müssen wir die vier anerkannten Sennenhunde als die Essenz der „natürlich" vorkommenden Schweizer Bauernhunde sehen.

Der unterschiedliche Einsatz der Hunde wurde nicht nur durch ihren unterschiedlichen Körperbau, sondern auch durch ihre Fähigkeiten und ihren Charakter bestimmt. Diese Charakter- und Wesenszüge stehen im Folgenden im Mittelpunkt, wobei die Rassestandards bewusst nicht bis ins Detail aufgezählt werden, denn diese bekommen Sie gerne und meist kostenlos von Ihrem Züchter oder Verein zur Verfügung gestellt. Beginnen wir mit dem größten der Sennenhunde, dem Großen Schweizer Sennenhund, und fahren dann nach der Größe

sortiert fort. Der Entlebucher wird folge-
richtig als letzte Rasse am Ende des Kapi-
tels besprochen.

Der Große Schweizer Sennenhund

Der Große Schweizer Sennenhund ist ein
großer, kräftiger und stämmig wirkender
Hund. Er hat die typische schwarze Grund-
färbung aller Schweizer Sennenhunde mit
weißen und braunroten Abzeichen, dem
sogenannten Brand, die sich harmonisch
in das Gesamtbild einpassen. Die Behaarung ist kurz (Stockhaar) mit dichtem
Unterfell, das möglichst dunkelgrau bis
schwarz gefärbt ist. Das glänzend schwarze Fell zeigt einen leuchtend rotbraunen
Brand an den Backen, über den Augen und
an allen vier Läufen. Eine weiße Färbung
zeigen die Pfoten und die Rutenspitze,
ebenfalls weiß ist die auffallende, mittelstark bis leicht symmetrische Kopfzeichnung (Blesse) und das Brustkreuz. Die
Rüden weisen idealer Weise eine Widerristhöhe von 70 cm auf, die Toleranz
beträgt 65 bis 72 cm, die Hündinnen von 65 cm, wobei die
Toleranz bei 60 bis 68 cm liegt.
Der Kopf ist kräftig, wirkt aber
nicht plump, mit leicht ausge-
prägtem Stop und einem mit-
tellangen, kräftigen Fang. Die
Lefzen sind trocken. Die Augen
zeigen sich mandelförmig, mittelgroß und dunkel. Die Lider
sind gut geschlossen. Die hängenden Ohren sind mittelgroß,
dreieckig und relativ hoch
angesetzt. Der Körper zeigt eine
tiefe, breite Brust, einen rund-
ovalen Rippenkorb und einen
mäßig langen, kräftigen und
geraden Rücken. Die Kruppe ist
schön abgerundet. Die Rute ist
ziemlich schwer, hängend und
wird gerade getragen. Die
Gliedmaßen sind kräftig, gerade und gut gewinkelt. Die Pfoten sind rundlich geschlossen.
Die Afterklauen dürfen in
Deutschland nur bei medizinischer Indikation entfernt werden.
Der Charakter des Großen
Schweizers zeigt die urtypi-

Der Große
Schweizer Sen-
nenhund ist ein
klassischer
Wachhund. Sein
sicheres Auftre-
ten und sein
menschen-
freundliches
Wesen machen
ihn heute zu
einem idealen
Familienhund.
Foto: Fam. Anker

schen Merkmale eines Wachhundes. Der Große Schweizer fügt sich beinahe spielend in die Reihen der eigenen Familie ein und zeigt dabei seine wahren Beschützerqualitäten. In der Literatur wird ihm hier oftmals eine besondere Eigenschaft nachgesagt: Er beschützt vor allem das weibliche Geschlecht und Kinder. Der Große Schweizer Sennenhund lässt sich vorzüglich erziehen und zeigt auch heute noch viele seiner ursprünglichen Verhaltensweisen, die ihn zu einem idealen Familienhund machen. Bedenken Sie jedoch immer: Dieser Hund wird schnell groß und ist kein Zwingertier. Erst der rege Kontakt nicht nur zu den Familienmitgliedern, sondern auch zu anderen Tieren, Hunden und Menschen weckt all seine guten Eigenschaften. Ein vereinsamter Sennenhund wird schnell scheu und oftmals aggressiv gegenüber Fremden. Auch sollten Sie bei der Größe des Hundes bedenken, dass er auf kleinere Kinder beängstigend wirken kann und im Spiel dem Kind schnell überlegen ist, ohne dies auszunutzen. Er ist die Gutmütigkeit in Person und wird sich nicht schnell reizen lassen. Der Große Schweizer ist ein guter Wachhund, aber alles andere als ein schneller Beißer.

Der Berner Sennenhund

Die schweizer Bauern züchteten Hunde, die Haus und Hof bewachten, auf das Vieh aufpassten und gleichzeitig nicht wilderten oder fremd gingen. Der Berner Sennenhund zeigt viele Eigenschaften des Großen Schweizers, fügt sich in die Familie ein und beschützt diese, ebenfalls ohne zum Äußersten zu gehen. Er ist ein lieber Freund für Kinder, jedoch sollten diese nicht mehr zu klein sein, denn auch der Berner erreicht eine stattliche Größe. Die Zwin-

gerhaltung ist sicher nicht die probate Unterbringung, schon gar nicht auf Dauer, denn die Hunde werden ihre guten Eigenschaften, wie eine untrennbare Anhänglichkeit, nicht entwickeln. Bedenken Sie bitte, dass diese Hunde mehr als andere Rassen als ständiger Begleiter und Beschützer des Menschen gezüchtet wurden. Es waren Arbeitshunde, die sich auch heute noch nützlich machen wollen. Geben Sie ihnen diese Möglichkeiten auch mit kleinen Aufgaben, sie werden es Ihnen danken. Der erwachsene Berner zeigt sich als ein überaus freundlicher, interessierter und wachsamer Hund, der im Umgang mit Fremden sicher ist und dadurch offen und freundlich auf sie zugehen kann. In seiner Gesamterscheinung ist der Berner Sennenhund ein äußerst harmonischer und wunderschön gebauter Hund, langhaarig mit einem massiven Körper und Unterbau. Die Rüden erreichen eine Widerristhöhe von 64 bis 70 cm, wobei 66 bis 68 cm als ideal gelten, bei den Hündinnen liegt die Widerristhöhe zwischen 58 und 66 cm, dabei liegt das Idealmaß bei 60 bis 63 cm. Die Behaarung ist weich und schlicht, leicht gewellt, aber nicht gekraust. Die Grundfarbe ist ein glänzendes Schwarz mit leuchtendem, sattem, braunrotem Brand an den Backen, über den Augen, an allen vier Läufen und der Brust. Am Kopf und auf der Brust zeigt sich eine weiße, leicht bis mittelsymmetrische Zeichnung, am Kopf Blesse genannt. Ebenfalls weiß sind die Pfoten und die Rutenspitze. Der kräftige Kopf besitzt einen wenig ausgebildeten Stop, einen kräftigen Fang und trockene, schwarze, anliegende Lefzen. Die Augen sind dunkel, die Lider geschlossen. Die Ohren sind kurz, dreieckig und hängend. Im Ganzen ist der Körper eher gedrungen als lang mit

Der Berner Sennenhund zeigt sich hier in all seiner Pracht. Sein langes Fell, seine anmutige Ausstrahlung und sein ruhiges Wesen haben ihm weltweit Freunde verschafft. Als idealer Familienhund sucht er noch heute nach einer sinnvollen Beschäftigung. Auch wenn Berner Sennenhunde nicht zu den aktivsten Rassen zählen, eignen sie sich dennoch zu den verschiedensten Hundesportarten und sind auch auf den Agilityplätzen der Vereine immer häufiger zu sehen.
Foto: I. Francais

tiefreichender, breiter Brust. Die Kruppe ist leicht abgerundet, die Lenden sind insgesamt breit. Die Rute sollte in Ruhestellung hängend getragen werden und mindestens bis zu den Sprunggelenken reichen, im Laufen schwebt sie waagerecht oder wird leicht erhöht getragen. Die Glieder sind kräftig und gerade, mit gut gewinkelten Sprunggelenken. Die Pfoten sind rund und geschlossen, Afterkrallen dürfen nur bei medizinischer Indikation entfernt werden.

Der Appenzeller Sennenhund

Die Vorläufer des Appenzellers, die Treibhunde, waren mehr durch ihre Funktion als durch ihr Äußeres in eine Gruppe zusammengefasst. So wundert es nicht, dass sie doch sehr unterschiedlich aussahen und mit dem heutigen Appenzeller Sennenhund nur die allerwenigsten dieser Hunde überhaupt eine Ähnlichkeit hatten. Vor allem in der Fellfarbe und -musterung lagen die Hunde weit auseinander von einfarbigen bis gelb gescheckten, nur selten dreifarbigen Exemplaren. So verwundert es nicht, dass es zu Beginn der Reinzucht über das Äußere noch Unstimmigkeiten gab, wollten doch einige Züchter zwei Schläge, einen robusten und einen feineren, anerkannt sehen. Heute ist der Appenzeller ein gedrungener, kräftiger Hund von mittlerer Größe. In seiner Lebhaftigkeit, seiner Ausdauer und der unbedingten Veranlagung zum Treiben erkennen wir noch heute seine Wurzeln. Die Rüden erreichen eine Widerristhöhe von 52 bis 58 cm, mit einer Idealhöhe von 55 cm, die Hündinnen bleiben mit 48 bis 54 cm etwas kleiner, bei ihnen liegt das Idealmaß bei 50 cm. Das glänzende Stockhaar liegt eng an und steht dicht. Der Appenzeller zeigt sich in den typischen Farben der Schweizer Sennenhunde. Die Grundfarbe ist ein glänzendes Schwarz mit leuchtend braunrotem Brand an den Backen, über den Augen und an allen vier Läufen. Er zeigt die typische Blesse am Kopf und das Brustkreuz, die beide leicht bis mittelstark symmetrisch und natürlich weiß

Der Appenzeller Sennenhund ist wesentlich aktiver als die beiden größeren Rassen. Er braucht seine Beschäftigung und eignet sich wunderbar zum Hundesport.
Foto: Fam. Eckey

sind. Ebenfalls weiß zeigen sich die Rutenspitze und alle vier Pfoten. Der Gesichtsausdruck ist freundlich, fast lustig. Die dunklen, mandelförmigen Augen sind schräg gegen die Nase gestellt, die Lider geschlossen. Sein Oberkopf ist recht flach. Die Ohren sind dreieckig mit abgerundeter Spitze, hängend, am Kopf hoch angesetzt und breit auseinander getragen. Der Fang ist kräftig und nicht zu spitz. Der Körper zeigt eine breite, tiefe Brust mit rund gewölbten Rippen. Die Brust- und Schultermuskulatur ist stark ausgebildet. Der Rücken ist gerade, die Lenden sind breit. Die Rute wird in der Bewegung hoch, seitlich über der Kruppe gerollt getragen, ein unverwechselbares Merkmal des Appenzellers. Die Gliedmaßen sind gerade, kräftig entwickelt und gut bemuskelt. Die Pfoten sind rundlich geschlossen.

Charakterlich steht der Appenzeller, wie in seiner Größe, zwischen den beiden großen Rassen und dem Entlebucher. Er zeigt ein reges Interesse an seiner Umwelt und seinen Wurzeln entsprechend an der Viehtreiberei. Ist kein Vieh da, so hält er auch gerne die Wandergruppe zusammen. Er ist agiler als die großen Rassen, zeigt Fremde durch lautes Bellen an und will immer beschäftigt werden, gerne auch in jedem Hundesportbereich. Appenzeller sind sehr unternehmungslustige Hunde, die ihre Beschäftigung noch mehr brauchen und suchen als die großen Sennenhunde. Sein Temperament lässt mit zunehmendem Alter aber auch spürbar nach.

Der Entlebucher hatte es lange Zeit nicht einfach, sich als Rassehund durchzusetzen. Sein Platz neben den anderen Schweizer Sennenhunden steht heute außer Frage. Foto: Fam. Hasselmann

Der Entlebucher Sennenhund

Die Entlebucher Sennenhunde sind die kleinste Rasse der vier Schweizer Sennenhunde. Im Vergleich zu den drei größeren Sennenhunden ist er der reinste Treibhund. Sein zu Hause war nicht der Hof, sondern die Alm. Dementsprechend misstrauisch ist er auch allen Fremden gegenüber, bis sich diese als Freunde der Familie erweisen. Seinen Besitzern zeigt er seine untertänigste Zuwendung. So versucht er Ihnen zu gefallen, wo er nur kann, und wird sich nie aufdringlich zeigen. Es sei denn, er bettelt um Ihre Zuneigung. Seinem Unternehmungsgeist ist unbedingt Rechnung zu tragen, so kann er für jede Art von Hundesport begeistert werden. Entlebucher sind intelligente, furchtlose und äußerst liebenswerte Hunde, die trotz aller Anspruchslosigkeit eine Menge an Aktivität fordern.

Aus dem schon beschriebenen Durcheinander der ersten Zuchthunde hat sich folgendes Äußeres herausgebildet. In seiner Gesamterscheinung ist der Entlebucher ein gerade mittelgroßer, kompakt gebauter, eher gestreckter Hund. Er zeigt die Drei-

Genau wie der Grosse Schweizer diente auch der Berner Sennenhund den Händlern und Bauern als Zughund. Wenn Sie die Möglichkeit haben, spannen Sie Ihren Berner doch einmal ein und sehen, wie viel Spaß er an dieser Beschäftigung hat. Zunächst muss sich Ihr Sennenhund an das Geschirr gewöhnen und der Wagen sollte nicht zu stark beladen sein.
Fotos: bede-Verlag

glattem, kurzem, glänzendem Stockhaar mit dichter Unterwolle. Die Grundfarbe ist glänzend schwarz mit leuchtend braunrotem Brand an den Backen, über den Augen und an allen vier Pfoten. Ebenso zeigt auch er die weiße, leicht bis mittelstark symmetrische Kopfzeichnung, die Blesse, und das weiße Brustkreuz, die vier Pfoten sind ebenfalls weiß. Der Kopf zeigt einen flachen Scheitel mit nur leichtem Stirnansatz. Der Fang, mit trockenen Lefzen, ist kräftig und von Stirn und Backen deutlich abgesetzt. Die Ohren sind hoch angesetzt, hängend und nach unten gut abgerundet. Die dunklen Augen sind verhältnismäßig klein, rund und lebhaft mit anliegenden Lidern. Der Gesichtsausdruck ist insgesamt freundlich. Der Körper ist gestreckt, insgesamt länger als hoch mit einer tiefen, breiten Brust und einem kräftigen, geraden Rücken mit sanft abfallender Kruppe. Seit dem Rutenkupierverbot wird eine lange Rute angestrebt, die schwebend oder hängend getragen wird. Weiterhin akzeptiert wird eine angeborene Stummelrute, die allerdings zuchteinschränkend wirkt, so dass nicht zwei stummelrütige Entlebucher verpaart werden dürfen. Der Hals ist kurz und gedrungen. Die Gliedmaßen sind

farbigkeit aller Schweizer Sennenhunde, ist sehr flink und beweglich. Die Rüden zeigen eine Widerristhöhe von 45 bis 50 cm, die Größe der Hündinnen liegt zwischen 44 und 48 cm. Die Behaarung besteht aus gerade und stämmig mit gut gewinkelten Sprunggelenken. Die Pfoten sind rundlich geschlossen, auch beim Entlebucher dürfen die Afterkrallen nur noch bei medizinischer Indikation entfernt werden.

Die heutige Verwendung und Gebrauchseignung der Schweizer Sennenhunde

Über die ursprünglichen Aufgaben und die Verwendung wurden Sie schon ausführlich informiert, deshalb hier nur nochmals in aller Kürze.

Die beiden großen Rassen, der Berner und der Große Schweizer Sennenhund, waren damals Haus-, Hof- und Zughunde. Sie wurden mehr als Wachhunde eingesetzt. Die Arbeit mit dem Vieh verrichteten die kleineren Schläge, aus denen die beiden kleineren Rassen gezüchtet wurden. Den ursprünglichen Aufgaben sehen sich die Sennenhunde auch heute noch gewachsen. Die Berner und Großen Schweizer werden zudem heute mit großem Erfolg als Begleit- und Sanitätshunde ausgebildet. Sie finden auch als Lawinenhunde

Nicht nur als Wachhund macht der Große Schweizer Sennenhund eine gute Figur. Er wird heute erfolgreich als Begleit- und Sanitätshund ausgebildet.
Foto: bede-Verlag

immer breiteres Interesse. Als Rettungshunde eignen sie sich aufgrund ihres höheren Gewichts nur bei Bergungen ohne Verschüttungen. Sie eignen sich als Familienhund, wenn die Kinder nicht mehr zu klein sind. Die natürliche Liebe zum Karrenziehen können Sie auch heute noch beobachten. Sie sollten Ihren Sennenhund ruhig diese Arbeit verrichten lassen, wenn Sie die Möglichkeiten dazu haben.

Die beiden kleineren Rassen, der Appenzeller und der Entlebucher Sennenhund, wurden ursprünglich als Haus-, Hüte- und Treibhunde genutzt, eine fast instinktive Veranlagung zum Treiben ist ihnen bis heute geblieben. Sie können und werden auch heute noch zu ihrem ursprünglichen Zweck eingesetzt, lernen aber darüberhinaus sehr schnell auf allen Gebieten. Beide Rassen werden als Begleit- und Schutzhunde ausgebildet, wobei auch der kleine Entlebucher eine überraschend gute Figur macht. Sicher spielt hier neben seiner zwar kleinen, aber massivern Erscheinung die Liebe zu seinem Besitzer eine ausschlaggebende Rolle.

Welcher Sennenhund am besten zu Ihnen und Ihrer Familie passt, und wie Sie einen gesunden Sennenhund finden, erfahren Sie im nächsten Kapitel.

Sie haben sich für den Kauf eines Schweizer Sennenhundes entschieden. Sie können es kaum erwarten, ihn endlich bei sich zu haben und hätten gerne den besten Hund der ganzen Welt. Bevor Sie sich jedoch unvorbereitet in eine Beziehung stürzen, die viele Jahre dauern wird, sollten Sie die folgenden Zeilen unbedingt lesen, sich Rat bei befreundeten Sennenhund-Haltern und Ihrem Verein holen und Ihre Entscheidung nochmals ganz gründlich überdenken, denn die Anschaffung eines Hundes ist keine Entscheidung aus dem Bauch. Sie nehmen ein Lebewesen in Ihre Familie auf und werden zur Familie für dieses Lebewesen, Sie werden Jahre Ihres Lebens miteinander verbringen und sollten sich somit auch gegenseitig prüfen. Die Frage ist nicht, ob ein Sennenhund zu mir oder ich zu ihm passe, die Frage ist, ob wir zueinander passen.

Welche Voraussetzungen erfülle ich und welcher Schweizer Sennenhund passt zu mir?

Sicher haben Sie sich schon Gedanken über den Kauf eines Hundes gemacht, bevor Sie dieses Buch erworben haben und genauso sicher ist ein Schweizer Sennenhund für Sie in die engere Wahl gekommen. Wenn ich Ihnen nun unterstelle, dass das Äußere der Hunde mit ein Entscheidungspunkt für diese Rassen war, dann haben Sie bei den Schweizern zumindest das Glück, vier recht ähnlich aussehende Hunde mit sehr unterschiedlichen Ansprüchen zur Auswahl zu haben. Mit welchem Schweizer Sie am besten harmonieren können, versuchen wir auf den nächsten Seiten genauso herauszufinden, wie

Denken Sie dran!

Bevor Sie sich auf die Suche nach einem Welpen machen, prüfen Sie zunächst sich selbst. Ein Welpenkauf darf niemals spontan, unüberlegt oder sogar auf das Drängen anderer geschehen. Sie verbringen einige Jahre Ihres Lebens mit dem Hund, der Hund sein ganzes Leben mit Ihnen, dieser Verantwortung müssen Sie sich bewusst sein.

Den Grundstein
für ein langes
Zusammenleben
legen Sie schon
mit der Auswahl
eines gesunden
Welpen.
Foto: I. Francais

die beste Möglichkeit, einen gesunden Schweizer Sennenhund zu erwerben.

Wenn Sie sich einen Schweizer Sennenhund anschaffen, müssen Sie vor allem eines haben – Zeit sich um ihn kümmern zu können. Zeit ist wichtig, denn Ihr Hund kann noch so einen tollen Garten am Haus, Platz in der Wohnung oder Liebe der ganzen Familie bekommen, wenn er den ganzen Tag alleine ist, kann er sich weder wohlfühlen, noch sich zu einem sozialen Mitglied Ihrer Familie, seines Rudels entwickeln. Da ich gerade bei der Familie bin: Es muss Ihnen klar sein, dass jedes Mitglied Ihres Haushalts seinen Beitrag dazu leisten muss, dass sich Ihr Hund bei Ihnen wohl fühlt. Dazu gehört zunächst die Akzeptanz jedes Einzelnen, dass überhaupt ein Hund angeschafft wird, eine klare Aufgabenaufteilung unter den Familienmitgliedern und nicht zuletzt die Verantwortung, bei Wind und Wetter mit Ihrem Sennenhund mindestens drei- bis viermal Gassi zu gehen. Denken Sie auch an die Ferienzeiten, denn ab sofort ist da ein weiterer Gast auf Ihren Reisen dabei, der besondere Ansprüche an die Unterkunft und Reisemittel stellt. Nicht jede Unterkunft nimmt Hunde auf, eine lange Fart mit dem Auto oder der Bahn will gut geplant sein. Bedenken Sie dies!

Wieviel Raum benötigt ein Schweizer Sennenhund? Ein kleinerer Hund braucht weniger, ein großer Hund mehr Platz. Täuschen Sie sich da nicht! Ihnen muss klar sein, dass Sie keinen Sennenhund in einer 30 Quadratmeter Neubauwohnung ohne Garten halten können. Dennoch fühlt sich ein quirliger Entlebucher in einer großen Wohnung schnell genauso eingesperrt wie ein Großer Schweizer, vielleicht noch schneller. Die Ansprüche eines Sennen-

hundes richten sich nicht nur nach seiner Größe, sondern auch nach seiner Aktivität – da haben die beiden Kleineren die Schnauze vorne – sowie nach der Möglichkeit, oft mal rauszukommen. Hier ist also eine kleinere Wohnung mit Garten besser, als die große, in der der Hund den Tag lang bis aufs Gassigehen eingesperrt ist. Raum ist also nicht Größe der Wohnung, sondern Nutzfläche für den Hund. Bitte lassen Sie Ihren Schweizer Sennenhund auch nicht sein Dasein in einem Zwinger fristen, schon gar nicht, wenn Sie nur einen Hund besitzen. Hunde sind Meutetiere und brauchen soziale Kontakte zu ihrem Rudel, sprich ihrer Familie, die nun Sie darstellen. Der Hund wird alleine im Zwinger nicht artgerecht gehalten, er kann schwere Verhaltensstörungen zeigen, die von Schreckhaftigkeit bis zu Aggressionen führen. Besitzen Sie mehrere Hunde, so ist gegen einen stundenweisen Aufenthalt im Zwinger nichts einzuwenden, wenn Sie ihn ausreichend groß und nicht nur innerhalb der gesetzlich vorgeschriebenen Mindestmaße bauen.

Auch Ihr Haus oder Ihre Wohnung müssen Ihrem Sennenhund offenstehen. Natürlich kann es den einen oder anderen Raum geben, den der Hund nicht betreten darf, doch kann es nicht sein, dass letztendlich der Flur der einzige, ständige Aufenthaltsort für ihn darstellt. Seinen Schlafplatz braucht der Hund genauso wie seinen Futterplatz, beide bitte nicht in Heizungsnähe! Rein rechtlich müssen Sie als Mieter die Hundehaltung mit Ihrem Vermieter besprechen, wenn nicht schon im Mietvertrag eindeutige Vereinbarungen zur Haltung stehen.

Neben allen räumlichen, und zeitlichen Voraussetzungen seien Sie sich bitte auch dessen bewusst, dass Ihr Hund Sie Geld kosten wird. Was so banal klingt, wird schnell wesentlich, wenn durch unvorhersehbare Erkrankungen oder Unfälle plötzliche Tierarztkosten anstehen, die auch schnell mehrere hundert Euro kosten

haftpflicht, machen, die für diese Schäden aufkommt. Als Größenordnung für die Futter- und planmäßigen Tierarztkosten veranschlagen Sie zwischen 80 und 130 Euro, je nach Alter und Größe Ihres Sennenhundes.

Können diese Augen lügen? Entlebucher haben diesen Blick, der Ihnen Ihre ganze Verantwortung für sein Hundeleben vor Augen führt. Foto: Fam. Hasselmann

können. Ganz abgesehen von solchen Horror-Szenarien stehen auch im Normalfall Tierarztkosten für Impfungen und Routineuntersuchungen an, das Futter will bezahlt werden und die Gemeinden und Städte verlangen teilweise nicht unerhebliche Hundesteuern. Da Sie laut BGB (Bürgerliches Gesetzbuch) für alle Schäden haften, die Ihr Hund verursacht, sollten Sie sich Gedanken über den Abschluss einer erweiterten Haftpflichtversicherung, einer sogenannten Hundehalter-

Welcher Sennenhund passt am besten zu Ihnen, und zu welchem passen Sie?

Mit den schon genannten Einschränkungen sind alle Sennenhunde auch Familienhunde, wobei die großen Rassen sicher die gutmütigeren und ruhigeren sind, auf kleinere Kinder zuerst aber beängstigend wirken können. Die kleineren Rassen sind aktiver und unruhiger in ihrem Wesen. Welchen Charakter haben Sie? Brauchen

Sie eher einen ruhigen Kumpel wie die beiden großen Rassen ihn verkörpern oder einen aufgeweckten Spielkameraden in Form der Appenzeller und Entlebucher? Die Platzansprüche der Rassen sind ähnlich. Ich würde generell keinen Sennenhund in einer kleinen Wohnung halten. In einer großen Wohnung und mit genügend Zeit für Spaziergänge hingegen können Sie alle Rassen in der Wohnung halten. Bedenken Sie hierbei nur, dass ein Großer Schweizer bis 60 kg oder ein Berner leicht 40 kg wiegen können. Aus einer Wohnung ohne Fahrstuhl in den oberen Stockwerken

Denken Sie dran!
Die Entscheidung für eine bestimmte Rasse darf nicht auf Äußerlichkeiten begründet sein, wichtig ist der Charakter des Hunds und ob er zu Ihnen passt. Dabei spielt das unterschiedliche Temperament der Rassen eine entscheidene Rolle. Ihre persönliche Aktivität sollte der des Hunds entsprechen.

kann ein solcher Koloss in einer Notsituation schlecht gerettet werden, der Transport wird zum Wagnis. Ein kleiner Entlebucher mit knapp über 20 kg ist da schon eher geeignet. Reine Großstadthunde sind sie alle nicht, dennoch kann gegen die Haltung in der Großstadt wiederum nur sprechen, dass Sie keine Zeit finden, mit Ihrem Hund ins Grüne zu fahren.

Die Entscheidung zwischen einem Rüden und einer Hündin stellt Sie vor allem dann vor Probleme, wenn Sie bereits Hunde haben. Zwei Rüden können unweigerlich in Rangordnungskämpfe verfallen, ein Rüde und eine Hündin müssen während der Läufigkeit getrennt werden, die beste Wahl stellen hier noch zwei Hündinnen dar. Ansonsten müssen Sie sich entscheiden zwischen einem Rüden der während der Läufigkeit seiner Liebsten aus der Nachbarschaft so manchen Abend heulend an der Tür verbringen kann, bei einer Hündin haben Sie Probleme während ihrer Läufigkeit, wenn Sie nämlich zur Verfolgten aller Rüden der Nachbarschaft wird. Rein von der Sauberkeit her bemerken Sie die Hitze Ihrer Hündin gar nicht, denn die Tiere halten sich selbst sehr sauber. Vom Wesen her kann ein zarter Rüde durchaus anhänglicher sein als eine dominante Hündin und die Vorhersage, dass alle Hündinnen lieber und zärtlicher sind als die meist dominierenden und schwierigeren Rüden stimmt in beiden Richtungen nicht.

Eine weitere Entscheidung, die von Ihnen getroffen werden muss, ist, ob Sie sich einen Welpen oder einen ausgewachsenen Hund anschaffen. Für einen Welpen sprechen einige Gründe, gerade wenn es Ihr erster Hund ist. Sie erleben jeden Lebensabschnitt mit Ihrem Hund gemeinsam und können die Erziehung selbst in die Hand nehmen. Besorgen Sie sich einen ausgewachsenen Hund, wissen Sie nicht immer, wie er aufgewachsen ist und aus welchen Verhältnissen er kommt. Fehler, die bei der Aufzucht und Erziehung gemacht wurden, können nun nur noch schwer und mit viel Aufwand korrigiert werden. Andererseits können Sie auch Glück haben und erwerben einen bestens erzogenen, lieben Schweizer Sennenhund, der Ihnen einige Vorteile bieten kann. Zum

Im Alter von acht Wochen können die Welpen von der Mutter getrennt werden und kommen in ihre neuen Familien. Niemand kann Ihnen die Garantie für einen gesunden Hund geben, aber die sorgfältige Auswahl des Züchters ist eine gute Basis.
Foto: I. Francais

haben. Generell kann man Ihnen keine Standardempfehlung geben, wo und bei wem Sie Ihren Sennenhund am besten kaufen, denn es ist zu einfach zu sagen, dass Sie bei einem Züchter generell den gesündesten Hund erwerben. Es ist immer eine Frage, wie die Hunde gehalten und behandelt werden. Nach der allgemeinen Erfahrung in Deutschland kann Ihnen an dieser Stelle nur dazu geraten werden, Ihren Sennenhund bei einem Züchter zu kaufen, der Mitglied im SSV (Schweizer Sennenhund-Verein für Deutschland e. V.) oder dem DCBS (Deutscher Club für Berner Sennenhunde e. V.) ist. Diese Vereine sind Mitglieder des VDH und somit unter der Kontrolle dieses deutschen Dachverbandes. Der Verein weiß, welche Züchter Welpen abgeben und kann Ihnen die Adressen geben. Schauen Sie sich verschiedene Züchter an und vergleichen Sie. Kaufen Sie nicht spontan einen Welpen beim erstbesten Züchter, sondern prüfen Sie genau (obwohl der Welpe so niedlich und der Züchter so nett ist), ob auch wirklich alles mit dem Hund und der Pflege beim Züchter in Ordnung ist. Um den Züchter einschätzen zu können, sollten Sie wissen, dass Hunde zu züchten mehr ein Hobby denn eine Erwerbsquelle ist. Die Hundezucht bringt kaum genug Geld ein, um die laufenden Kosten zu decken, schon gar nicht, wenn durch unerwartete Komplikationen zusätzliche Tierarztkosten anfallen. Sie müssen stutzig werden, wenn die Zucht einen kommerziellen Anstrich hat und mehrere Würfe gleichzeitig großgezogen werden. Ferner achten Sie unbedingt auf die Sauberkeit bei dem Züchter, die Sie vor allem an den Futter- und Schlafplätzen der Hunde beurteilen können. Desweiteren ist die Nähe

Beispiel können Sie nicht alle Erkrankungen einem Welpen sofort ansehen, Verhaltensstörungen können sich erst spät zeigen, auch Störungen im Knochen- und Gelenkaufbau, allen voran die HD und ED, zeigen sich erst beim ausgewachsenen Hund. Ein paar gute Gründe, auch über den Erwerb eines erwachsenen Sennenhunds nachzudenken. Gerade wenn Sie die Ambition haben mit dem Hund zu züchten, haben Sie hier das Risiko, zuchtausschließende Mängel beim Welpen nicht erkannt zu haben, ausgeschlossen.
Haben Sie sich für einen der Sennenhunde entschieden, wollen Sie ein gesundes Tier aus vertrauenwürdigen Händen. Bei der Suche nach Ihrem perfekten Sennenhund wenden Sie sich am besten an einen der im VDH organisierten Sennenhund-Verein oder greifen auf die Empfehlungen von Freunden und Bekannten zurück, die selbst einen gesunden Hund erworben

zum Menschen für ein späteres Zusammenleben Hund-Mensch von entscheidender Bedeutung. Die Welpen müssen von der ersten Minute an den Kontakt zum Menschen gewohnt sein, eine reine Zwingerhaltung verbietet sich somit von selbst. Ideal und wünschenswert ist das Zusammenleben im Haus, wobei Sie auch hier die Räumlichkeiten besichtigen sollten. Ein Keller ist eben doch nur ein Keller, es sein denn, er ist angemessen ausgebaut und isoliert die Hunde nicht von den Räumen für die Menschen.

Aufschlussreich ist auch das Verhalten des Züchters während Ihrer ersten Kontakte. Ein seriöser Züchter sieht in seinen Welpen schon fast eigene Kinder. Ein Welpenkauf ist für ihn mit einer Adoption vergleichbar. Nach diesen Kriterien verlaufen die ersten Unterredungen, in denen Sie aufs Persönlichste befragt werden. Der Züchter möchte alles über Sie herausfinden, was er wissen muss, um im Gegenzug auch Ihre Seriösität, Eignung und Tierliebe beurteilen zu können. Er wird Sie weder zu einer Entscheidung drängen, noch versuchen, Sie im Zweifelsfall zum Kauf zu überreden. Er wird Verständnis dafür haben, dass Sie sich noch bei anderen Züchtern umschauen wollen, und keine Taschenspielertricks der Sorte „Es ist der beste Welpe, den ich je hatte", „Alle anderen sind schon reserviert" oder „Nachher kommt noch ein Interessent" versuchen, das hat ein seriöser Züchter nicht nötig. Bei all dem Edelmut, den ich dem Züchter unterstellen will, dürfen Sie nicht vergessen, dass er auch Kosten hat, die gedeckt sein wollen.

Für einen Schweizer Sennenhund-Welpen ohne zuchtausschließende Merkmale zahlen Sie derzeit 700 bis 1 000 Euro. Sollte der Welpe zuchtausschließende Merkmale tragen, die die Gesundheit nicht beeinflussen, so wird der Züchter mit seiner Forderung sicher unter diesen Preisen liegen. Verbindliche Preisvorschriften gibt es jedoch nicht. Der Preis für Ihren Sennenhund ist letztendlich eine Verhandlungssache zwischen Ihnen und dem Züchter.

Medizinische Untersuchung der Welpen

Der SSV schreibt eine medizinische Untersuchung und Vollimpfung der Welpen nach acht Wochen vor. Die Welpen eines Erstzüchters werden zusätzlich schon nach einer Woche untersucht. Rassehunde werden in eine Ahnentafel eingetragen, die Ihnen Aufschluss über die Herkunft der Elterntiere nebst Groß- und Urgroßeltern gibt. Die Welpen werden beim SSV erst nach Beendigung aller Untersuchungen und dem Nachweis aller Impfungen in diese Ahnentafel eingetragen. Der Züchter wird Ihnen gerne Einblick in die Ahnentafel und auch das Zuchtbuch des Vereins mit allen Informationen über die Elterntiere geben. Hierbei ist eine Erkenntnis für Sie besonders wichtig: Die Papiere zu Ihrem Hund sind nur so gut wie der Verein, der sie ausstellt. Der Verein widerum kann nur so gut sein, wie seine Zuchtüberwachung. In Deutschland können Sie mit einer Satzung und entsprechender Mitgliederzahl einen Verein gründen und natürlich auch Hunde züchten. Keiner überprüft Sie – und Sie können die tollsten Papiere der Welt ausstellen. Dies nützt nur wenig, wenn sich der Champion aller Klassen als das ärmliche Produkt einer Profitzucht entpuppt. Nicht Papiere zu besitzen ist wichtig, sondern zu wissen, wer mit seinem Namen dafür steht. In Deutschland sind dies der SSV und der DCBS als Mitglieder des VDH.

Leider sind nicht alle Leiden, die zu einem Zuchtausschluss oder späteren Erkrankungen führen, schon beim Welpen erkennbar. Gerade über die Ellbogendysplasie (ED) und Hüftgelenksdysplasie (HD) können trotz moderner medizinischer Methoden im Welpenalter von acht Wochen nur Vorhersagen gemacht werden. Eine sichere ED- und HD-Diagnose ist erst ab einem Alter von zwölf Monaten möglich. Der SSV bedient sich seit einiger Zeit eines zuverlässigen Schätzwertes (Zuchtwertschätzung, kurz ZWS), der aus der Nutztierzucht übernommen wurde, um den HD-Grad innerhalb der Zuchtlinien zu bekämpfen. Die Schweizer Sennenhunde sind keine prädestinierten Rassen für HD und ED, aber die ZWS soll helfen, diesen beiden Leiden auch keine Gelegenheit zum Einzug zu geben, denn gerade große Rassen neigen zu diesen Gelenkschäden. Wie funktioniert dieses Verfahren nun genau? Die Zahl 100 als ZW steht für den Rassedurchschnitt bezüglich des untersuchten Merkmals, zum Beispiel der HD. Je weiter der Wert über 100 liegt, desto größer ist die Vererbungsmöglichkeit für dieses Merkmal, je weiter er darunter liegt, desto geringer ist sie. Der ZWS der Nachkommen errechnet sich aus der Addition der Eltern-ZW geteilt durch zwei. Ziel ist es, HD freie Elterntiere mit einem niedrigen ZW zu paaren. Warum das Ganze? Stellen Sie sich vor, Sie besitzen einen HD freien Hund, dessen Zuchtlinie aber an schwererer HD leidet – so etwas kommt ja vor. Dieser Hund trägt die genetische HD-Veranlagung

stärker in sich als zum Beispiel ein Hund, bei dem zwar Verdacht auf HD besteht, dessen Zuchtlinie aber überwiegend maxi-

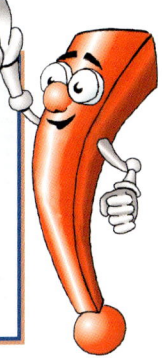

Denken Sie dran!

Lassen Sie sich beim Welpenkauf unbedingt die Untersuchungsergebnisse der HD- und ED-Röntgenuntersuchung zeigen. Besonders die größeren Rassen sind von diesen Leiden betroffen. Nur eine gute Zuchtüberwachung kann hier helfen.

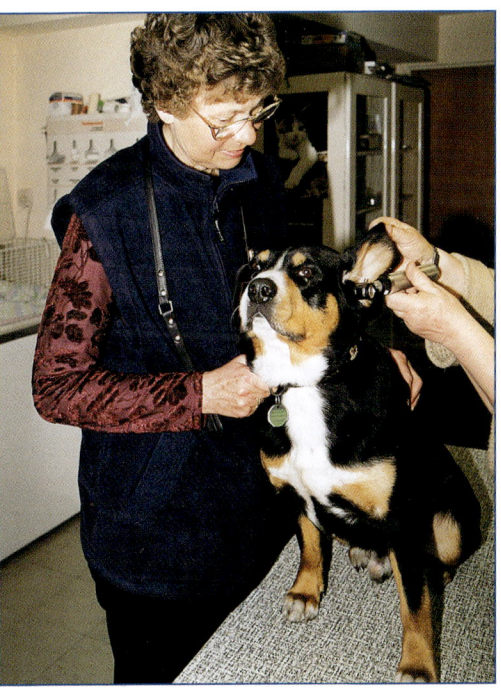

Ihr Hund soll gesund zu Ihnen kommen. Dabei ist es egal, ob Sie einen erwachsenen Hund oder einen Welpen kaufen. Am Anfang steht eine gründliche Untersuchung. Foto: bede-Verlag

Wenn Sie einen Züchter gefunden haben, sollten Sie sich auch die Zeit nehmen, die Welpen auf Herz und Nieren zu prüfen. Dabei dürfen Sie sich nicht allein auf den äußeren Eindruck verlassen, sondern sollten auch sein Verhalten testen.

Mit dem Kauf eines Welpen sollten alle Familienmitglieder einverstanden sein, schließlich sollen sich später auch alle an der Pflege und Erziehung beteiligen. Fotos: I. Francais

mal leichte HD zeigt. Der Sennenhund mit der belasteten Zuchtlinie hat einen schlechteren ZW, als der der gering belasteten Zuchtlinie. Insgesamt zeigt diese neue Bemessensgrundlage bessere Resultate bei der Zucht und somit gesündere Nachkommen. Gleiches gilt für die ED, die aber nur bei den großen Rassen und nur gelegentlich Probleme darstellt. Nicht selten vereinbaren die Züchter auch aus eigenem Interesse eine Kostenübernahme oder zumindest -beteiligung an einer HD- und ED-Röntgenuntersuchung des erwachsenen Hundes nach zwölf Monaten schon im Kaufvertrag.

Insgesamt sind die Schweizer Sennenhunde gesunde, wenig anfällige Hunde, an denen Sie Ihre Freude haben werden.

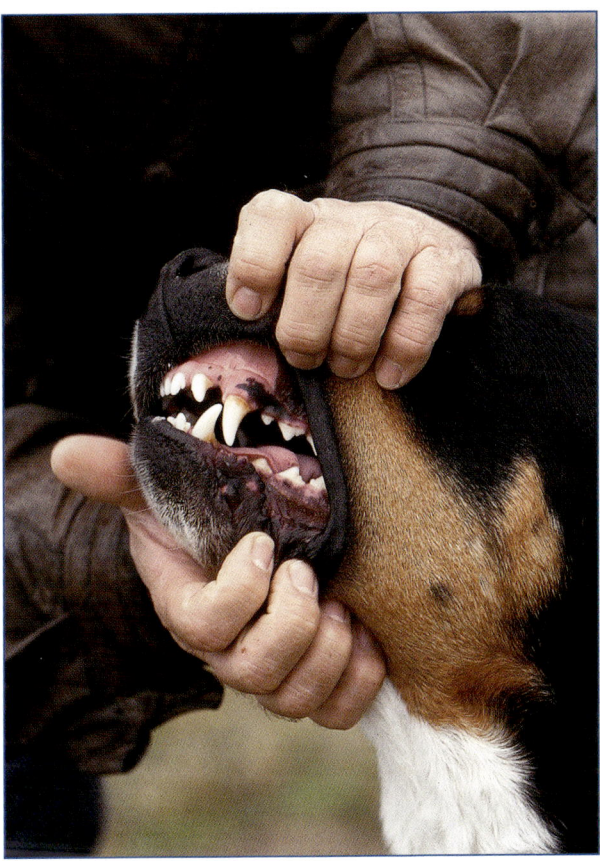

gravierende Mängel zeigen, die von Ängstlichkeit bis Aggressivität die gesamte Palette an Fehlverhalten abdecken. Hierfür kann es genetisch bedingte Ursachen geben, Grund kann aber auch ein falscher Umgang mit den Welpen in den ersten Wochen sein. Diese Fehler sind in der späteren Entwicklung kaum oder nur mit sehr viel Aufwand zu beseitigen. Auch erfahrene Halter hatten schon ihre Probleme damit. Wenn Sie sich das erste Mal einen Schweizer Sennenhund anschaffen, sollten Sie auf diesem Gebiet keine Experimente wagen. Bei den Vereinen werden Verhaltensfehler sehr ernst genommen und als zuchtausschließend beurteilt.

Ihr neuer Hund muss nicht immer ein Welpe sein. Auch erwachsene Hunde haben ihre Vorteile. Achten Sie auf den allgemeinen Gesundheitszustand des Hundes und erkundigen Sie sich genau nach seiner Vorgeschichte und den Gründen für den Verkauf.
Foto: bede-Verlag

Verhaltenstests und Allgemeinbild

Bisher wurde Ihnen viel über die Auswahl des Züchters erzählt. Sie erhielten zudem Tipps, um die Gesundheit des Welpen einzuschätzen. Ganz wichtige Punkte bei der Auswahl des Welpen sind aber noch unerwähnt geblieben: Ein paar einfache Verhaltenstests und eine abschließende Beurteilung des allgemeinen Zustands des Welpen. Gerade im Verhalten können sich sehr

Um das Verhalten des Welpen zu beurteilen, beobachten Sie den Welpen zunächst völlig ungestört bei seiner Familie. Achten Sie auf sein Sozialverhalten und eventuelle Auffälligkeiten in seinen Reaktionen. Anzeichen für ein gestörtes Verhalten sind übermäßige Unterwürfigkeit und Angst, ein zu dominantes und hyperaktives Verhalten oder auch eine übermäßige Aggressivität im Spiel in Form von eher unkontrolliertem Beißen. All dies sind zunächst nur auffällige Verhaltensweisen, die Hinweise für extreme Verhaltensweisen liefern und Ihre Auf-

Die Röntgenaus-
wertung gibt
Ihnen Klarheit
über eventuelle
Hüftgelenks-
oder Ellenbogen-
gelenksschäden.
Eine Röntgenun-
tersuchung ist
erst ab dem
zwölften Lebens-
monat zuverläs-
sig auswertbar.
Viele Züchter
vereinbaren
schon im Kauf-
vertrag eine
Kostenübernah-
me oder Kosten-
beteiligung.

SCHWEIZER SENNENHUND-VEREIN FÜR DEUTSCHLAND e.V.
SSV, SITZ MÜNCHEN, DDBR. 1803 IM VDH

Röntgen-Auswertung
Die Röntgenaufnahme wird mit Einsendung
Eigentum des Rassehund-Zuchtvereins.

Rasse: _____

Name des Hundes: _____   ☐ Rüde / ☐ Hündin

ZB-Nr.: _____   Täto.-Nr.: _____   WT: _____

Besitzer (genaue Anschrift): _____

Datum der Röntgenaufnahme: _____   **Sediert** mit: _____

Bestätigung des Tierarztes
Die Identität des Hundes wurde vor dem Röntgen anhand
der Ahnentafel überprüft.
Der untersuchte Hund wurde ausreichend sediert.
Die Röntgenuntersuchung ist auf der Ahnentafel eingetragen.

_____
Stempel und Unterschrift des Tierarztes

Die Röntgenaufnahme, versehen mit **Name, ZB-Nr.** und **Täto-Nr.** des Hundes, ist zusammen mit dem kom-
pletten Formular (alle 5 Blätter) vom Tierarzt direkt an die Auswertungsstelle zu schicken:

SSV-Röntgen-Auswertung
Dr. H. Wurster
Wolframstr. 13
Tel. 08 21/55 35 55
86161 Augsburg

GUTACHTEN

Hüftgelenke (Int. Einstufung siehe Rückseite)		Vorhand	
		Schultergelenke	Ellenbogengelenke
Dysplasie-frei	= HD-F		
Übergangsform (Verdacht)	= HD-V		
leicht	= HD-L	Bemerkungen: _____	
mittel	= HD-M		
schwer	= HD-S		

Augsburg, den _____
(Stempel und Unterschrift)

intensiver mit dem Hund, fassen ihn einmal an, nehmen ihn auf den Arm, halten ihn kurz an Maul und Beinen fest, um seine Reaktionen auf diese eher ungewohnten und nicht mehr rein spielerischen Reize zu untersuchen. Anzeichen für Störungen im Verhalten sind auch hier eine leichte Erregbarkeit, starke Unterwürfigkeit, Angst und gerade bei den letzten Tests eine niedrige Schmerzschwelle. All diese Tests können Hinweise, aber keine 100%ige Sicherheit geben. Dennoch werden Sie mit Ihren genauen Beobachtungen mit Sicherheit einen gesünderen Welpen finden, als bei einem Spontankauf.

Abschließend nochmals die Bitte: Kaufen Sie Ihren Schweizer Sennenhund nicht beim erstbesten Züchter, lassen Sie sich von Ihrem Sennenhundverein eine Liste der bekannten merksamkeit erwecken müssen. Testen Sie den oder die ausgewählten Welpen nun alleine, außerhalb der Sichtweite der Hundefamilie und spielen mit ihm. Schauen Sie auch hier genau hin, ob sich der Welpe schüchtern, aggressiv oder unsicher verhält. Welpen sind allgemein neugierig und so sollte ein gesunder Welpe nach einem Schreck oder anfänglicher Unsicherheit, die ganz normal ist, schon bald wieder mit Ihnen spielen und Interesse an der neuen Situation zeigen. Hiernach beschäftigen Sie sich und empfohlenen Züchter geben und vergleichen Sie ruhig verschiedene Züchter miteinander. Werden Sie misstrauisch bei Züchtern, die Ihnen einen Welpen aufschwatzen wollen und Sie bei der Kaufentscheidung unter Druck setzen. Lassen Sie sich immer die Elterntiere zeigen und gehen Sie nach dem Kauf bald mit dem Welpen zu einem Routinecheck zu einem Tierarzt. Beachten Sie all diese Hinweise, wird Ihrem Glück mit Ihrem Sennenhund nichts im Wege stehen.

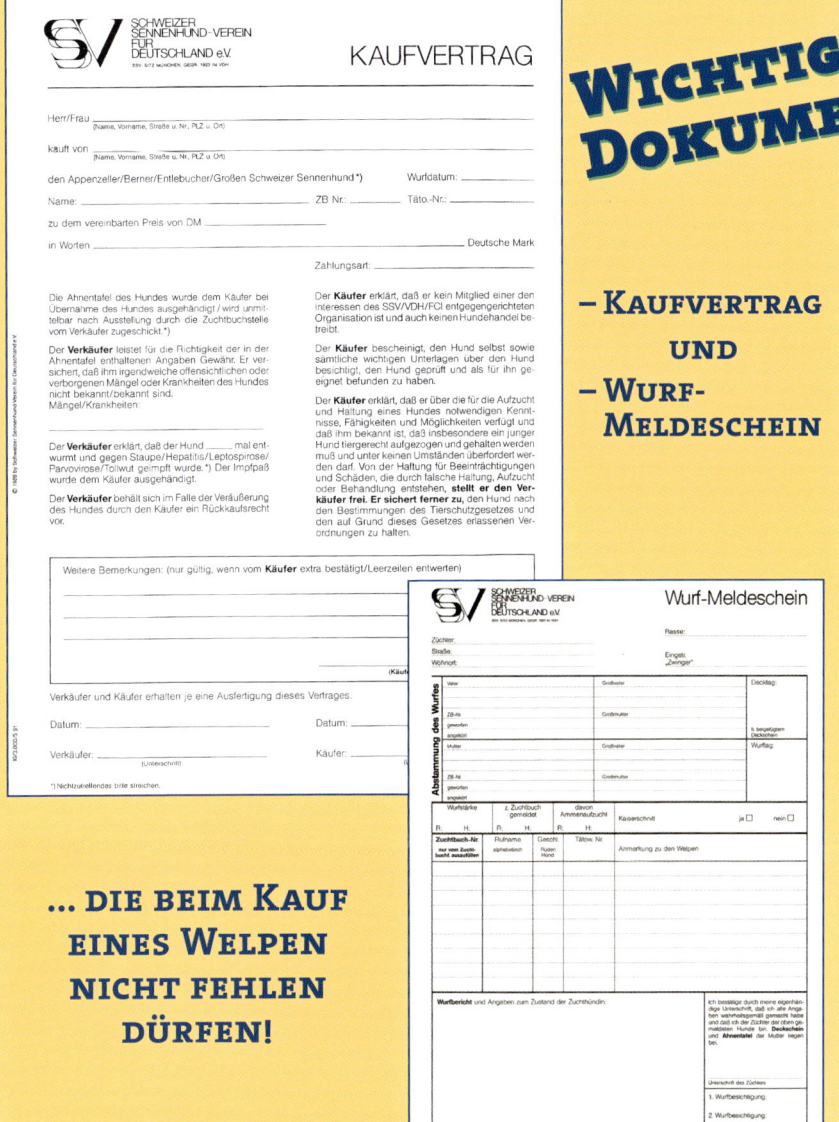

WICHTIGE DOKUMENTE...

– **KAUFVERTRAG**
 UND
– **WURF-MELDESCHEIN**

... DIE BEIM KAUF EINES WELPEN NICHT FEHLEN DÜRFEN!

**Verband für das Deutsche
Hundewesen e. V. (VDH)**
Westfalendamm 174
44141 Dortmund 1
www.vdh.de

**Schweizer Sennenhund-
Verein für Deutschland e. V.**
Am Vogelherd 2
90587 Obermichelbach
www.ssv-ev.de

**Deutscher Club für
Berner Sennenhunde e. V.**
Pinkmühlenweg 5
64367 Mühltal
www.dcbs.de

**Fédération Cynologique
Internationale (FCI)**
13 Place Albert I
B-6530 Thuin/Belgien

**Österreichischer
Kynologenverband**
Johann-Teufel-Gasse 8
A-1238 Wien

**Schweizerische
Kynologische Gesellschaft**
Lenggassstrasse 8
CH-3001 Bern

Deutscher Tierschutzbund
Baumschulallee 15
53115 Bonn

Foto: I. Francais

D ie richtige Ernährung Ihres Schweizer Sennenhundes ist die Grundlage für sein gesundes Wachstum in der Jugend, seine Aktivität und Fitness im erwachsenen Alter und seine Versicherung, im fortgeschrittenen Alter nicht krank und träge zu werden. Leider wird dieses wichtige Thema in meinen Augen zu oft aus falscher Profilierungssucht und Unverständnis mehr zerredet als konstruktiv besprochen. Nur um das Thema Ernährung nicht weiter aufzubauschen: Es bedarf weder eines umfangreichen Fachwissens noch einer ganzen Wissenschaft, um einen Hund gesund zu ernähren. Im Grunde geht es nur darum, dass Sie die Ansprüche Ihres Hundes kennen, verstehen, wo die Rasse

ihren Ursprung hat und welche Rolle die Ernährung im Leben Ihres Hundes spielt. Sie werden dementsprechend in diesem Kapitel weder eine tagesgenaue Verpflegung finden, noch genaue Angaben zur Futtermenge, denn die optimale Versorgung ist eine sehr individuelle, auf die Bedürfnisse Ihres Sennenhundes abgestimmte Angelegenheit. Genau hier liegt aber auch die größte Verunsicherung. Wieviel füttere ich meinem Hund? Welche Zusammensetzung muss das Futter haben? Sollte ich lieber Frisch- oder Fertigfutter verwenden? Dies sind meiner Meinung nach die häufigsten Fragen, die zu Anfang gestellt werden. Zunächst aber ein paar grundsätzliche Tipps zur Ernährung Ihres Schweizer Sennenhundes.

Die richtige Hundeernährung ist wichtig für den Erhalt der Gesundheit und für die richtige Entwicklung der Welpen. Diesen Großen Schweizer Sennenhunden scheint es zu schmecken.
Foto: I. Francais

Grundsätzliches zur Ernährung der Schweizer Sennenhunde

Die Sennenhunde waren die Helfer der meist armen Landbevölkerung. Wir wissen, dass sie sich zu einem Großteil von den Tischabfällen Ihrer Herren ernährt haben. Diese bestanden eher aus Knochen und Gemüse als aus hochwertigem und teurem Fleisch. Die Hunde mussten damit leben, die Selektion der Bauern war hart. Natürlich soll dies heute nicht mehr so sein und sicher sind die Hunde der Bauern nicht so alt geworden wie die Familienhunde heute. Ich will Ihnen damit nur sagen, dass die Schweizer Sennenhunde eine robuste Rasse sind, die auch beim Futter nicht die höchsten Ansprüche stellt oder auf Grund genetischer Defekte spezielles Futter benötigt.

Einige grundsätzlich Regeln zur Fütterung müssen Sie auf jeden Fall beachten. So gehört den ganzen Tag über frisches Wasser an den Futterplatz, Futterreste müssen nach den Mahlzeiten unbedingt entfernt werden, der Futterplatz peinlich sauber

gehalten werden. Das Futter selbst muss Zimmertemperatur haben. In seinen wilden Ursprüngen hat der Hund seine Beutetiere auch bei Umgebungstemperatur gefressen. Obwohl der Hund als Fleischfresser gilt, hat er seine tierischen Opfer, meist kleinere, pflanzenfressende Säugetiere, samt aller Eingeweide gefressen und somit vorverdaute, pflanzliche Nahrung aufgenommen. So füttern Sie auch heute noch einen gesunden Mix aus tierischer und pflanzlicher Nahrung. Vor und nach den Mahlzeiten müssen Sie Ihrem Sennenhund etwas Ruhe gönnen, ideal wäre je eine Stunde. Vor dem Fressen ist dies wichtig, damit der Hund nicht zu hastig frisst, Luft verschluckt und Blähungen bekommt. Nach dem Essen soll der Organismus genügend Zeit für eine gesunde Verdauung bekommen.

Selbst zubereiten oder Fertigfutter?

Sie müssen Ihrem Schweizer Sennenhund eine ausgewogene Kost anbieten, die alle Nährstoffe, Vitamine und Mineralstoffe enthält, die er braucht. Hierbei hat sich in den letzten Jahren zunehmend das Fertigfutter als einfache und sichere Art erwiesen, dies zu erreichen. Gegen das alleinige Verfüttern von Fertigprodukten spricht prinzipiell nichts, wenn Sie nur wissen, worauf Sie zu achten haben.

Fertigfutter erhalten Sie derzeit als Feuchtfutter in Dosen, als Halbfeuchtfutter meist in Plastik- oder Alubeuteln und als Trockenfutter, nicht zu verwechseln mit den ebenfalls trockenen Beimixern. Die verbreitesten Fertigfuttersorten sind Trockenfutter und Feuchtfutter in der Dose. Beide stellen Alleinfutter dar und sind so vom Hersteller konzipiert, dass Sie als Hauptfutter

Denken Sie dran!
Teuer bedeutet nicht gleichzeitig gut. Bei der Auswahl des Futters sollten Sie sich nicht durch Werbeversprechen oder den Preis leiten lassen. Achten Sie darauf, dass das Futter den Bedürfnissen Ihres Hunds gerecht wird und er es verträgt. Dabei ist Abwechslung wichtig, um die Gewöhnung an nur ein Futter zu vermeiden.

den Bedürfnissen Ihres Hundes gerecht werden. Gleiches gilt für die halbfeuchten Futtersorten, die preislich am höchsten liegen und zur Bewahrung ihrer Konsistenz einen recht hohen Zuckeranteil aufweisen. Bei den billigeren Dosenfuttern müssen Sie besonders auf den meist sehr hohen Fettanteil achten. Trockenfutter ist am längsten haltbar und unkompliziert zu verfüttern.

Alle Fertigfutterarten sind als Nahrungskonzentrate zu verstehen, denen vor allem wichtige Ballaststoffe fehlen. Sie sollten das Futter deshalb unbedingt mit Ballaststoffen anreichern. Diese werden zum einen in fertigen Mixern angeboten, können aber auch in Form von eingeweichten oder vorgekochten Hülsenfrüchten, zum Beispiel Vollkornreis, gefüttert wer-

Neben einer gesunden Ernährung ist die ausreichende Versorgung mit frischem Wasser lebensnotwendig. Besonders wenn Sie vor allem Trockenfutter verwenden, wird Ihr Hund einen erhöhten Wasserbedarf haben. Foto: I. Francais

den. Gerade Dosenfutter mit einem hohen Wasser- und Fettanteil muss auf diese Weise aufgewertet werden. Lesen Sie sich die Inhaltsstoffe und die Zusammensetzung des Futters gut durch. Das Futter muss den Bedürfnissen Ihres Hundes und seinem Alter entsprechen. Manche Hersteller verschweigen die genaue Zusammensetzung ihres Futters und geben nur für die wertvollen Inhaltsstoffe eine Prozentangabe an. „Füllstoffe", wie bei Dosen-

futter ein hoher Wasseranteil, werden dann verschwiegen oder nur allgemein als Feuchtanteil ausgewiesen. Auf dem Futter muss sich eine Angabe finden, wieviel Futter pro Kilo Hund empfohlen wird. Einige Futtersorten basieren auf einem hohen Sojaanteil, auf den manche Hunde allergisch reagieren.

Inzwischen wird spezielles Futter für Welpen und Senior-Hunde angeboten, die den unterschiedlichen Ansprüchen der einzelnen Lebensabschnitte gerecht werden sollen. Welches Futter Ihr Schweizer Sennenhund am besten verträgt, ist dennoch eine Frage des Ausprobierens. Ansonsten gilt auch beim Verfüttern von Fertigfutter: Achten Sie auf Abwechslung, variieren Sie den Hersteller und die Sorten. Nur so vermeiden Sie, dass sich Ihr Hund an ein Futter gewöhnt. Sollte es einmal zu Unverträglichkeiten, Allergien oder einer krankheitsbedingten Futterumstellung kommen, wird dieser Futterwechsel, der auch bei einem gesunden, aber an ein spezielles Futter gewöhnten Hund Schwierigkeiten bei der Verdauung mit sich bringen kann, den Organismus des kranken Hundes zusätzlich schwächen.

Wenn Sie Mahlzeiten selbst zubereiten, achten Sie bitte auf die Zusammensetzung und Menge. Verwenden Sie keine gewürzten Essensreste, da diese für den Hund ungeeignet sind.

Was darf ich füttern, was nicht?

Sie dürfen einige Nahrungsmittel auf keinen Fall an Ihren Sennenhund verfüttern. Dazu zählen alle Arten Knochen die splittern und zu schweren inneren Verletzungen führen können, rohes Fleisch jeder Herkunft, sämtliche gewürzten Nahrungsmittel und Süßigkeiten. Gerade im rohen Schweinefleisch können Viren, Bakterien und Parasiten leben, die durch Kochen leicht abgetötet werden, ansonsten für Ihren Sennenhund aber eine lebensbedrohliche Gefahr darstellen. Das Verfüttern von Knochen ist immer wieder Grundlage für heiße Diskussionen. Die wildlebenden Vorfahren unserer Haushunde haben selbstverständlich die Knochen ihrer Beutetiere gefressen, doch hatten sie auch gänzlich andere Fressgewohnheiten. Vom

Beutetier wurden zunächst die Muskeln und Eingeweide, erst zuletzt die Knochen gefressen. Der Magen und Darm ist zur Zeit der Knochenaufnahme also schon gefüllt, es wird nicht mehr so gierig gefressen und die entstehenden Knochensplitter können den Magen- und Darmwänden nicht mehr oder kaum gefährlich werden. Dies ist bei unseren Sennenhunden heutzutage etwas anders. Ihr Hund wird sich nicht den Magen für drei Tage vollschlagen und Knochen werden eher hastig gefressen. Deshalb beugen Sie den Gefahren innerer Verletzungen vor indem Sie nur spezielle Kauknochen aus der Zoohandlung verfüttern. Ansonsten sind Ihrer Phantasie beim Zusammenstellen des Futters kaum Grenzen gesetzt, wenn Sie sich an eine gesunde Nährstoffzusammenstellung halten. Experimentieren Sie ruhig ein wenig mit Obst oder Gemüse, wobei Kohl wie beim Menschen zu Blähungen führt und deshalb ebenso vermieden werden muss, wie die meist schwer im Magen liegenden Pilze. Gemüse müssen Sie immer vorkochen, da der Hund es von Natur aus roh nicht gut verdauen kann. Eine weitere Abwechslung ist das Verfüttern von Fisch, der nicht nur von Katzen gerne gefressen wird. Tischabfälle sind grundsätzlich nicht als Hundefutter geeignet, denn sie sind oftmals gewürzt. Sollten einmal Kartoffeln oder anderes Gemüse übrig bleiben, können Sie dies gerne unter das Futter mischen.

Futteransprüche beim Welpen

Die Futteransprüche des Welpen sind besonders hoch. In den ersten Wochen und Monaten sind die kleinen Sennenhunde in einer extremen Wachstumsphase, besonders die großen Rassen, in der sich jede falsche Ernährung besonders negativ auf den gesamten Organismus und speziell das Skelett auswirkt.

Doch keine Sorge, bis zur achten Woche werden die Welpen bestens durch die Muttermilch versorgt, die ab der dritten Woche durch erste Beifütterungen ergänzt werden kann. Die Mutter muss in den ersten 24 Stunden nach der Geburt mit dem Säugen der Jungen beginnen. Die Muttermilch versorgt die Welpen nicht nur optimal mit allen Nährstoffen, sondern enthält auch erste Antikörper, die das noch wenig entwickelte Immunsystem der Kleinen entscheidend stärken.

Nach acht Wochen sind die Welpen von der Muttermilch entwöhnt und werden mit einem speziellen Welpenfutter ernährt. Im Wesentlichen benötigen die kleinen Sennenhunde nun Proteine (aber keine Aufbaufutter mit einem Proteingehalt über 25 %!), Fette und Mineralstoffe, vor allem Kalzium und Phosphor zum Knochenaufbau. Sie haben die Möglichkeit, die Welpen mit einer Fertigkost zu versorgen, die bereits alle wichtigen Nährstoffe in der richtigen Zusammensetzung enthält. In dieser sensiblen Phase ist ein hochwertiges Fertigprodukt die sicherste und einfachste Art, die vollständige Versorgung

Das schmeckt! Ab der vierten Lebenswoche gibt es neben der Muttermilch erste Beifütterungen.
Foto: I. Francais

Die Futter-
ansprüche des
Hunds ändern
sich. Ging es
beim Welpen
noch darum, ihn
beim Wachstum
zu unterstützen,
frisst der erwach-
sene Hund, um
seinen Zustand
zu erhalten.
Dieser Grosse
Schweizer
Sennenhund ist
in einem prächti-
gen Allgemein-
zustand.
Foto: bede-Verlag

mit allen Nährstoffen zu garantieren. Um die Gewöhnung an ein Futter zu unterbinden sollten Sie auch hier die Anbieter variieren. Vermeiden Sie unbedint eine zusätzliche Aufbaunahrung neben einer gesunden Welpenkost! Solche Power-Nahrung führt nur zu einem unnatürlich schnellen Wachstum, was wiederum zu Wachstumsdefekten führen kann, oder bei Welpen, die schon zu orthopädischen Problemen wie HD neigen, diese fördert. Setzen Sie selbst zubereitetem Futter ein Vitamin- und Mineralstoffpräparat zu. Die im Handel erhältlichen Fertigfutter für Welpen enthalten schon einen entsprechend höheren Anteil an Mineralien und Vitaminen, eine zusätzliche Aufwertung mit diesen Stoffen ist nicht erforderlich und birgt die Gefahr der Gelenkversteifung, zu massiver und dadurch deformierter Knochen. Die noch weichen Knochen des Welpen härten durch die Einlagerung von Kalk aus, dabei ist sowohl eine Überversorgung, als auch eine Unterversorgung schädlich und führt zu Wachstumsstörungen. Die genauen Dosierungen sowohl der Ergänzungspräparate, als auch des Fertigfutters entnehmen Sie bitte der jeweiligen Beilage oder dem Packungsaufdruck.

Bis zum Alter von sechs bis acht Monaten bei den kleinen Rassen und etwa zwölf Monaten bei den großen, je nach dem individuellen Entwicklungsstand (als Richtlinie nach dem Zahnwechsel), sollten Sie bei dieser speziellen Welpenkost für Ihren Sennenhund bleiben und die Tagesration anfangs auf drei bis vier oder mehr Portionen verteilen. So erreichen Sie eine möglichst gleichmäßige Nährstoffzufuhr und somit ein gleichmäßiges Wachstum. Nach zwölf Monaten genügt es, wenn Sie nur noch zweimal täglich füttern.

Denken Sie dran!
Auch wenn Welpen bei der Futterwahl besondere Ansprüche stellen, lassen Sie sich nicht zu besonderen Leistungsfuttersorten hinreißen. Durch einen zu hohen Proteingehalt beschleunigen diese das Wachstum nur unnatürlich.

Futteransprüche beim erwachsenen Hund

Schweizer Sennenhunde sehen wir ab etwa zwei bis zweieinhalb Jahren als erwachsen an. Ihr Hund benötigt nun eine andere, auf die Bedürfnisse dieses Lebensabschnitts abgestimmte Kost. Die Fütterungen reduzieren Sie jetzt auf ein- bis zweimal täglich. Wann Sie die Hauptmahlzeit reichen, können Sie ganz Ihrem Tagesrhythmus anpassen, sinnvoll ist eine Fütterung morgens oder abends. Die Kost muss weiterhin ausgewogen bleiben, sorgen Sie für Abwechslung und nehmen Sie beim Fertigfutter eine Sorte für erwachsene Hunde. Zusätzliche Vitamin- und vor allem Mineralstoffgaben sind nicht mehr erforderlich, die Vitaminzufuhr über das tägliche Futter, das Sie jederzeit gerne mit etwas Obst aufwerten können, deckt den Bedarf. Wieviel Futter Ihr Hund nun genau benötigt, ist sehr individuell und hängt unter anderem von seiner Aktivität und seinem gesundheitlichen Zustand ab. Füttern Sie nur so viel, wie Ihr Hund auch hintereinander frisst, Reste entfernen Sie nach jeder Mahlzeit. Frisst er seinen Napf immer leer, füttern Sie etwas mehr, lässt er immer etwas übrig, so füttern Sie etwas weniger. Über- und Untergewicht sind für Sie leicht durch einen kurzen Druck auf die Rippen zu erkennen und durch entsprechende Futterumstellung anfangs schnell zu regulieren. Ein zu fetter oder zu magerer Sennenhund ist anfällig für verschiedenste Gebrechen, darum müssen Sie auf sein Gewicht besonders achten.

Achten Sie auf eine Anreicherung des Futters mit wichtigen Ballaststoffen und bedenken Sie, dass Ihr ausgewachsener Sennenhund nun durch Ihre Fütterungen nicht mehr wachsen muss, sondern „nur noch" seinen Zustand erhalten will. Je aktiver Ihr Sennenhund ist, desto mehr Nahrung benötigt er auch, in einer ruhigeren Phase wird sein Futterbedarf sinken.

Futteransprüche im Alter

Mit fortschreitendem Alter, und Ihr Schweizer zählt schon mit etwa sieben Jahren zu den Älteren, finden im Körper Veränderungen statt, die sowohl auf einer allgemeinen Abnutzung und Schwächung, als auch auf einer ebenfalls ganz natürlichen Umstellung des Stoffwechsels beruhen. Genauso wie Ihr Sennenhund nun ruhiger wird, ist der Stoffwechsel reduziert und langsamer. Die Verdauung ist nicht mehr so effektiv wie früher, Nährstoffe werden nicht mehr so schnell aufgenommen.

Ihr Hund benötigt nun eine leicht verdauliche Kost, mit einem höheren Anteil an Kohlenhydraten. Reduzieren Sie die Futtermenge, denn Übergewicht schadet Ihrem alternden Hund, es belastet die häufig zur Arthritis neigenden Gelenke unnötig. Ihr Sennenhund ist nun von Natur aus ruhiger, bewegt sich weniger und dementsprechend sinkt auch sein Futterbedarf. Im Handel werden verschiedene Fertigfutter für ältere Hunde als Senioren-Marken angeboten, die im wesentlichen diesen neuen Ernährungsansprüchen gerecht werden sollen. Auch kann eine etwas teurere Premium-Marke eine Alternative für Ihren alternden Sennenhund darstellen, experimentieren Sie etwas herum und fragen Sie im Zweifelsfall Ihren Tierarzt. Gerade verschiedene Fettsäuren, mit denen Sie das Futter anreichern können oder die in verschiedenen Futtersorten beinhaltet sind, helfen gelenkgeschädigten Hunden oft sehr.

Seien Sie sich aber bitte im Klaren darüber, dass eine gewisse Degeneration mit all ihren Problemen im Alter völlig normal ist und nicht gestoppt werden kann. Es geht für Sie jetzt darum, Ihrem Hund das Altern so angenehm wie möglich zu machen, wozu auch seine richtige Ernährung gehört. Viele Sennenhunde bleiben so topfit bis ins hohe Alter.

Was Sie sonst noch wissen müssen

Sie sehen, bis auf ein paar Regeln, an die Sie sich bei der Ernährung Ihres Sennenhundes ebenso halten müssen, wie bei Ihrer eigenen Ernährung, stellt Sie die richtige Ernährung Ihres Hundes vor keine unüberwindbaren Probleme. Die Schweizer Sennenhunde sind robuste Zeitgenossen, dennoch kann auch ihnen durch eine falsche Ernährung geschadet werden. Gerade übergewichtige Hunde werden Probleme mit den Gelenken bekommen. Ihre Lebenserwartung ist geringer als die von normalgewichtigen Artgenossen. Kastrierte Rüden oder Hündinnen neigen manchmal dazu, schneller etwas Speck anzusetzen und müssen deshalb besonders kalorienarm ernährt werden.

Die Hundeerziehung ist eine oftmals kontrovers diskutierte Angelegenheit. Die einen sehen in ihr die Vermenschlichung eines „wilden" Tiers, die anderen, und dazu zähle ich mich, halten eine solide Grunderziehung für unabdingbar. Ihren Sennenhund notwendig halte ich allerdings eine Grunderziehung, die ein Zusammenleben in einem sozialen Umfeld ermöglicht. Hierzu gehört auf Seiten des Sennenhundes das Befolgen verschiedener Kommandos, genauso wie seine Stubenreinheit und das Unterlassen von eindeutig belästigenden

Vier Prachtkerle und Musterbeispiele ihrer Rassen: Entlebucher, Großer Schweizer, Appenzeller und Berner Sennenhund im Gruppenbild vereint (v.l.n.r.). Foto: Fam. Hasselmann

gar nicht zu erziehen, ist schlichtweg nicht durchführbar. Schon das Aufzeigen von Freiheiten und Beschränkungen mündet in einer Erziehung und einen Sennenhund in völliger Freiheit und Eigenverantwortung zu halten hieße, ihm alles zu erlauben, was einer Auswilderung gleich käme. Ich vertrete hier nicht die Ansicht, dass ein Hund, und schon gar keiner der Sennenhunde irgendwelche Kunststücke vorführen, einen Ball balancieren oder auf den Hinterbeinen laufen sollte. Neben den gesundheitlichen Risiken sind diese Kunststücke nicht notwendig für eine funktionierende Hund-Mensch-Beziehung. Für

Verhaltensweisen wie Betteln oder das Anspringen von Menschen.

Die Erziehung Ihres Schweizer Sennenhundes muss auf gegenseitigem Respekt und Vertrauen aufgebaut sein, nicht auf Bestrafungen und Zwang. Ihr Hund muss Sie und Sie müssen Ihren Hund verstehen lernen. Von Ihrer Seite gehört zu einer guten Erziehung neben dem sinnvollen Vermitteln, wie Ihr Hund auf Ihre Kommandos reagieren muss, vor allem die Konsequenz aller an der Erziehung beteiligten Personen. Sie können nicht erwarten, dass Ihr Sennenhund beim ersten Üben gehorcht, denn auch wenn es trivial klingen

Manche sagen, Berner Sennenhunde kämen schon erzogen auf die Welt. Das stimmt natürlich nicht. Eine gewisse Grunderziehung ist nicht nur wichtig, sie ist Voraussetzung für eine funktionierende Beziehung zwischen Hund und Mensch.
Foto: I. Francais

mag, er versteht Sie nicht. Sie müssen ihm genau zeigen, was Sie von ihm wollen. Jeder, der mit dem Hund zu tun hat, muss sich dabei an eine einheitliche Erziehung halten. Jedes Kommando kann nur eine Handlung nach sich ziehen, gerade Verbote müssen einheitlich gehandhabt werden. Was bei einem Mitglied der Familie verboten ist, darf von den anderen nicht erlaubt werden.

Mit der Erziehung des Welpen können Sie früh beginnen. Gerade die Stubenreinheit ist ein Problem, das Sie sicher schnell in den Griff bekommen wollen. Auch andere Kommandos, wie zum Beispiel das Auslassen, sind sehr wichtig, nicht zu reden von einer schnellen Gewöhnung an das Alleinsein und die Leine. Fangen Sie mit Ihren Lektionen also früh an, überfordern Sie aber Ihren Welpen nicht! Üben Sie anfangs nicht länger als ein paar Minuten am Stück und wiederholen Sie die einzelnen Lektionen lieber häufiger am Tag. Auch Sennenhunde lernen, genau wie Menschen, nicht alle gleich schnell und nicht alle mit dem gleichen Interesse. Verlieren Sie nicht die Geduld, wenn die Übungen auch mal ausfallen müssen, weil Ihr Kleiner lieber spielen will! Die Übungen müssen in Ruhe ablaufen und die Konzentration des Hundes muss auf Sie gerichtet sein. Trainieren Sie also nicht nach oder vor den Essenszeiten, nach größeren Anstrengungen

oder in ungewohnter oder aufregender Situation. Jeder Lernerfolg, sei er noch so klein, wird von Ihnen durch Worte, Streicheln oder eine Leckerei (was nicht Süßigkeit bedeutet!) belohnt. Halten Sie sich an diese Grundregeln, wird sich auch beim faulsten Sennenhund der Lernerfolg sowohl bald, als auch angenehm für beide Seiten zeigen.

Die Stubenreinheit

Wenn Sie sich einen acht bis zehn Wochen alten Welpen ins Haus holen, steht neben viel Spaß und Spiel auch eine Menge Arbeit an. Bei allen anderen Dingen, die Ihr Sennenhund nun lernen und kennenlernen soll, steht die Stubenreinheit ganz oben auf

der Liste der zu erledigenden Dinge. Ihr Ziel hierbei ist es, dass der Welpe sein Geschäft nur außerhalb der Wohnung verrichtet. Glücklicherweise zeigt Ihr Welpe an, wann er ein Geschäft zu verrichten hat. Er wird unruhig, schnuppert viel auf dem Boden, dreht sich leicht im Kreis. Nun wird es Zeit, mit ihm nach draußen zu gehen, bis er seine Notdurft verrichtet hat. Danach loben Sie ihn ausgiebig. Auch nach jeder Mahlzeit und jedem Schlaf müssen Sie mit dem Kleinen raus gehen und ihn nach verrichteter Dinge ausgiebig loben. Damit nachts kein Malheur passieren kann, muss sich Ihr Sennenhund melden, wenn er muss. Da Hunde niemals ihren eigenen Schlafplatz beschmutzen, genügt es meistens, dass Sie diesen nachts zum Beispiel mit einem kleinen Zaun oder Gitter umschließen, so dass sich Ihr Welpe in seiner Not bemerkbar machen wird.

Sollte es trotz aller Umsicht doch einmal zu einem Unfall in der Wohnung kommen, können Sie Ihren Sennenhund, wenn Sie ihn auf frischer Tat ertappen, ruhig durch ein strenges „Pfui" oder „Nein" auf Ihr Missfallen hinweisen. Entdecken Sie sein Geschäft allerdings erst später, so wird er bei einer Ermahnung nicht mehr die Verbindung zu seinem Missgeschick erkennen können. Es bleibt Ihnen nur, die Sache gründlich zu reinigen, damit Ihn der Geruch nicht zu weiteren Missetaten verleitet.

Das Alleinsein

Aller Anfang ist schwer und auch die später selbstverständlichsten Dinge müssen geübt werden, so auch das Alleinsein. Es ist letztlich nur eine Frage der Gewöhnung und des Vertrauens, das Ihr Hund in Sie hat. Denn dass er bellt und sich unwohl fühlt, wenn Sie ihn allein lassen, liegt an seiner Unsi-

cherheit, ob und wann Sie wieder kommen. Beweisen Sie ihm, dass er sich auf Sie verlassen kann, indem Sie ihn anfangs nur sehr kurz alleine lassen. Beobachten Sie ihn dabei, kehren aber erst dann in das Zimmer zurück, wenn er aufhört nach Ihnen zu rufen. Er soll nicht lernen, dass Sie kommen, wenn er bellt, sondern dass Sie immer wiederkehren. Üben Sie dies mit Ihrem Welpen sofort nach der Eingewöhnung, denn nur so vermeiden Sie, dass Ihr Sennenhund später vor dem Supermarkt von der ersten bis zur letzten Minute die Nachbarschaft zusammenkläfft. Auch Ihrem Sennenhund wird dies ein angenehmeres Leben bereiten. Er wird sich bei einer kleinen Belohnung nach jeder Rückkehr sicher schnell an das gelegentliche Alleinsein gewöhnen.

Denken Sie dran!

Ihr Schweizer Sennenhund-Verein bietet regelmäßige Treffen auf dem Hundeübungsplatz an. Sie sehen andere Halter und Hunde und können Ihre Erfahrungen und Probleme in der Hundeerziehung mit erfahrenen Hundetrainern diskutieren.

Die Leinenführung und „Fuß" gehen

Sich an die Leine zu gewöhnen bedeutet nicht nur, dass sich Ihr Sennenhund die Leine bereitwillig anlegen lässt, sondern vielmehr auch, dass er beim Spazierengehen nicht ständig daran zerrt, sondern „Fuß" läuft.

Das Laufen an der Leine ist eines der wichtigen Dinge, die Ihr Hund lernen muss. Dabei soll er sich nicht nur an die Leine gewöhnen, er muss auch lernen, locker daran zu laufen und nicht zu zerren. Fotos: bede-Verlag

der Hund laufen soll. Normalerweise läuft der Hund an Ihrer linken Seite, wobei Sie die Leine in der rechten Hand halten. Wie bei allen erzieherischen Maßnahmen loben Sie Ihren Hund ausgiebig, wenn er Ihrem Befehl folgt. Eine Belohnung durch ein Leckerli sollte nicht zur Gewohnheit werden, kann aber gerade anfangs den Lernerfolg erheblich beschleunigen. Damit Ihr Sennenhund nun auch auf gleicher Höhe und im gleichen Tempo mit Ihnen läuft, klopfen Sie sich leicht gegen den Oberschenkel, um so seine Aufmerksamkeit weiter zu erhalten. Bleibt er bei Ihnen, wird er gelobt. So lernt Ihr Hund, bei Ihnen zu laufen. Entfernt er sich, können Sie mit Ihrer linken Hand die Leine ergreifen und ihn durch ein kurzes Ziehen und ein strenges „Nein" oder das neuerliche Kommando „Fuß" auf

Zunächst sollten Sie Ihren Welpen an das Anlegen und Tragen der Leine gewöhnen. Dies schaffen Sie am besten durch häufigeres Anlegen, Loben und wieder Abnehmen, natürlich nur im sinnvollen Umfang, sonst wird es Ihrem Welpen schnell lästig. Auf den Spaziergängen muss Ihr Sennenhund lernen, an der Leine neben Ihnen zu laufen. Das gebräuchliche Kommando ist ein kurzes, energisches „Fuß". Als Unterstützung und um die Aufmerksamkeit Ihres Sennenhundes zu erhalten, nennen Sie zunächst seinen Namen und klopfen sich leicht auf die Schenkelseite, an der

Ihre Missbilligung aufmerksam machen. Sobald er darauf reagiert und wieder an Ihrer Seite läuft, wird er belohnt.

Kommen auf Ruf

Das Kommen auf Ruf ist die Grundvoraussetzung, sollte Ihr Hund auch einmal ohne Leine laufen. Gleichzeitig ist das Üben dieses Kommandos aber nur ohne Leine wirklich sinnvoll. Suchen Sie sich als Übungsplatz ein möglichst übersichtliches und für Ihren Sennenhund ungefährliches Gelände aus, das möglichst wenig Ablenkung, vor allem in Form fremder Hunde, bietet. So können Sie sich einer größeren Aufmerksamkeit sicher sein. Aber auch in der eigenen Wohnung oder auf dem eigenen Grundstück können Sie mit dem Üben anfangen und Ihren Hund zum Beispiel zu jeder Mahlzeit rufen, die Belohnung steht dann schon da!

Dem gebräuchlichen Kommando „Komm" stellen Sie den Namen Ihres Sennenhundes voran. Der Wortklang ist einladend und freundlich, beinahe lockend. Zur Unterstützung klatschen Sie in die Hände oder auf Ihre Schenkel. Kommt Ihr Hund nun angelaufen, loben Sie ihn und zeigen Ihre Freude. Kommt Ihr Hund nicht, rufen Sie erneut und können sich als Unterstützung leicht von ihm entfernen oder zumindest in die Hocke gehen. Beide Maßnahmen vergrößern den Abstand zwischen Ihnen zumindest optisch, was Ihren Hund sicher zu Ihnen kommen lässt. Dabei wiederholen Sie das Kommando und loben Ihren Hund, wenn er bei Ihnen ist. Auch wenn er aus Ihrer Sicht zu spät oder erst nach vielen Wiederholungen reagiert, muss er von Ihnen belohnt werden, denn er hat kein Verständnis für Ihre Interpretation „das war aber sehr spät". In einer Bestrafung sieht er nur den Zusammenhang zu seinem

Erscheinen und wird es als eine negative Erfahrung bewerten, auf dieses Kommando hin zu Ihnen zu kommen.

Vermeiden Sie beim Üben bitte auf jeden Fall jede Art von Jagdsituation, indem Sie Ihrem Hund hinterherlaufen, wenn er nicht auf Ihr Kommando reagiert. Dieses Fangenspielen macht Ihrem Hund außerordentlich viel Spaß – und er wird wohl eine ganze Weile lang der Sieger bleiben!

Das Auslassen

Nicht alles, was Ihr Sennenhund in seinen Fang nimmt, gehört auch dort hinein. Gerade Welpen nehmen, wie kleine Kinder, alles ins Maul oder knabbern Dinge an. Dabei kann so einiges auch in den Magen wandern, was dort nichts zu suchen hat und im schlimmsten Fall eine ernsthafte Gefahr für die Gesundheit bedeuten kann. Das Kommando zum Auslassen ist ein kurzes und strenges „Aus", angeführt vom Namen Ihres Sennenhunds, um dessen Aufmerksamkeit zu erlangen. Sie müssen Ihrem Welpen dieses Kommando früh beibringen, denn es ist sehr wichtig, dass er nichts frisst, was er nicht fressen darf und was ihm schaden kann. Er muss den Befehl möglichst noch vor der ersten Auslasssituation kennen und befolgen können.

Sie üben diesen Befehl mit Ihrem Hund am besten mit einem Spielzeug oder Kauknochen. Sagen Sie das Kommando und ziehen dann leicht (!) an dem Gegenstand in seiner Schnauze. Das machen Sie so lange, bis Ihr Hund den Gegenstand freigibt. Ein dickes Loben folgt und wenn Sie wollen ein kleines Leckerli oder die Rückgabe des Übungsgegenstandes – das stärkt sein Vertrauen in Sie. Die Umsetzung der Theorie ist bei diesem Kommando oftmals etwas schwierig, da der Hund ganz natür-

Eine wichtige Übung ist das Auslassen. Nimmt Ihr Hund etwas ins Maul, muss er es auf Befehl wieder herausgeben - auch wenn das manchmal schwerfallen kann.
Foto: bede-Verlag

lich seinen Besitz verteidigen will und nicht gerade sehr kooperativ auf das Anfassen und Herausziehen eines Gegenstandes aus seinem Maul reagieren kann. Hier ist Ihr Fingerspitzengefühl für die Situation gefragt, das Ganze nicht in ein Gerangel eskalieren zu lassen. Ein energisches „Nein" kann von Ihnen angebracht werden, wenn der Hund es zu wild zu treiben anfängt. Doch auch dieses Kommando wird nach einer Weile verstanden werden und Ihr Sennenhund lässt dann auf Befehl aus, was immer er gerade im Maul hat.

Das Sitz

Das „Sitz" ist ein recht einfach zu vermittelndes Kommando, das kurz und betont erteilt wird. Sie nennen zunächst den Namen Ihres Sennenhundes, dann ein kurzes und bestimmtes „Sitz". Eine geeignete Möglichkeit, dieses Kommando zu üben,

sind alle Mahlzeiten und vor jeder Vergabe eines Leckerlis. Nehmen Sie hier das Leckerli oder den Fressnapf in die Hände und stellen sich vor Ihren Hund. Wahrscheinlich wird er unruhig sein und auf das Fressen warten. Erteilen Sie jetzt das Komando und belohnen Sie Ihren Schützling, nachdem er sich setzt. Wahrscheinlich setzt sich Ihr Sennenhund von ganz alleine hin, denn dies ist eine höchst natürliche Position für den Hund. Auf Dauer ist das Sitz sicher eines der häufigsten Kommandos und Ihr Hund muss lernen, es schnell zu befolgen. Es genügt am Anfang sicher nicht, den Befehl nur bei den paar Mahlzeiten am Tag zu üben, auch muss der Hund nicht immer mit einem Leckerli belohnt werden, er wird sich über Ihr Lob und Ihre Freude mitfreuen können. Reagiert Ihr Hund anfangs nicht auf das Kommando, er versteht es schließlich nicht, dann halten Sie ein Leckerli hoch, so dass er sich automatisch vor Sie setzt. Auch wenn er nur mit dieser kleinen Hilfe zum Sitzen kommt, wird er von Ihnen wieder ausgiebig gelobt. Der Hund darf seine Position erst aufgeben, wenn Sie ihm dies erlauben.

Sollten Sie Ihren Sennenhund an der Leine führen, bedenken Sie, dass er nicht aus vollem Lauf sofort auf Ihr Kommando reagieren kann. Verlangsamen Sie deshalb Ihr Tempo, bevor Sie das Kommando geben. Gegebenenfalls üben Sie mit der Hand, auf deren Seite Ihr Hund gerade läuft, einen leichten Druck auf sein Hinterteil aus, ohne dass Sie sich jedoch über ihn beugen, was er als bedrohlich empfindet und ängstlich reagieren wird. Sollte Ihr Sennenhund den Befehl verweigern, quittieren Sie jedes andere als das gewünschte Verhalten mit einem strengen „Nein".

Eine kleine Belohnung nach erfolgreicher Übung muss nicht immer ein Leckerli sein. Dieser Berner Sennenhund würde sich über ein kleines Spiel oder Lob auch freuen.
Foto: I. Francais

Das Platz

Von der Qualität her ist das „Platz" dem „Sitz" sehr ähnlich und kann auch sehr ähnlich geübt werden. Warten Sie zunächst ab, bis Ihr Hund das Sitz beherrscht. Der Schritt ist dann nicht mehr weit, denn sitzt Ihr Sennenhund erst einmal, können Sie nach dem Kommando „Platz" ein Leckerli tiefer vor ihn halten, so dass er sich von selbst in eine liegende Haltung begibt. Hat er diese eingenommen, loben Sie ihn. Auch für das Platz gilt, dass Ihr Sennenhund seine Position erst aufgeben darf, wenn Sie ihm dies erlauben. Um dieses Verhalten zu unterstützen, können Sie beim Belobigen seinen Rücken sanft festhalten, so dass Ihr Hund gar nicht aufstehen kann. Später reagiert Ihr Sennenhund dann sicher auch allein auf das Kommando „Platz", ohne dass Sie den Umweg über das „Sitz" gehen müssen. Ein sinnloses Unterfangen wäre es allerdings zu versuchen, den Hund aus dem Stehen durch Druck auf den Rücken sofort in die Platz-Position zu bringen, hier ist selbst ein

Welpe stark genug Ihrem Drücken zu wiederstehen.
Führen Sie Ihren Sennenhund an der Leine geben Sie auch das Kommando „Platz" erst, nachdem Sie den Schritt verlangsamt haben und fast zum Stehen gekommen sind. Geben Sie das Kommando im vollen Lauf, braucht Ihr Hund zu lange, um es umzusetzen. Bleiben Sie erst stehen, bevor Sie das Kommando geben, wird Ihr Hund noch ein paar Schritte weiterlaufen und unweigerlich nicht neben sondern vor Ihnen zum Sitzen oder Liegen kommen. Als Folge dreht er sich nach Ihnen um und kommt vielleicht sogar zurückgelaufen.

Das Betteln

Eine lästige und unschöne Angewohnheit, die Ihrem Sennenhund auch nur schwer abzugewöhnen ist, ist das Betteln. Gerade am Tisch und wenn Gäste da sind, kann ein bettelnder Hund nicht nur sehr anstrengend werden. Eine nasse Hundeschnauze auf dem Esstisch ist ebenfalls nicht sehr appetitlich.
Das Betteln ist eine Angewohnheit, die Sie Ihrem Hund erst gar nicht anerziehen sollten. Denn nichts Anderes tun Sie. Ihr Hund bettelt, Sie geben ihm Futter – und er fühlt sich in seinem Verhalten bestätigt. Geben Sie seinem Bettln nicht nach! Hierzu ist lediglich Ihre Konsequenz notwendig, denn Sie können Ihrem Sennenhund nicht alles erlauben und jeden Wunsch erfüllen. Nur wenn Sie von der ersten Minute an konsequent sein Betteln ignorieren und wenn notwendig mit einem Bestimmenden „Nein" unterbinden, werden Sie später einen Hund besitzen, der auch beim leckersten Schnitzel auf Ihrem Teller brav zu Ihren Füßen liegen bleibt.

Ihr Missfallen deutlich machen

Ein heikles Thema in der Erziehung, und sicher nicht nur in der von Hunden, ist die richtige Art der Bestrafung. Ihrem Sennenhund zeigen Sie Ihr Missfallen seines Tuns am besten mit einer eindeutigen Geste und einem strengen, bestimmten Tonfall. Die gebräuchlichen Kommandos sind „Pfui" oder „Nein". Eine Bestrafung in Form von Schlägen ist sicher nicht der richtige Weg und zeigt nur die Charakterschwäche des Halters. Ihr Sennenhund muss Sie als seinen Herrn respektieren und auf Sie hören. Wenn er merkt, dass Sie mit ihm unzufrieden sind und Sie ihm dies durch Ihre Ermahnung zeigen, ist dies für ihn Strafe genug. Bitte halten Sie sich daran.
Sie können das Fehlverhalten Ihres Hundes nur im direkten zeitlichen Zusammenhang mit seiner Missetat bestrafen. Bei einer späteren Mahnung wird er den Zusammenhang mit seinem Fehlverhalten selbst nicht mehr herstellen können. Das Beispiel des streunenden Hundes macht diese für Sie missliche Situation sehr deutlich. Wenn Ihr Sennenhund einmal ausreißt und erst nach Stunden nach Hause zurückkehrt, so dürfen Sie ihn nicht für sein Fortgehen bestrafen, sondern im Gegenteil, Sie loben ihn für seine Rückkehr. Eine Bestrafung zu diesem Zeitpunkt sieht er im Zusammenhang mit seiner Rückkehr, nicht mit seinem Verschwinden. Würde er in diesem Moment bestraft, bliebe er das nächste Mal aus Angst vor der Bestrafung länger weg oder käme gar nicht wieder. Eine Ermahnung ist also nur zu dem Zeitpunkt möglich und sinnvoll, in dem Ihr Hund streunen gehen will. Dies gilt für alle Fälle, in denen Sie ein Fehlverhalten erst später bemerken.

Grundregeln zur Erziehung

Konsequenz

Was dem Hund von einem Familienmitglied verboten wird, muss automatisch auch bei allen anderen Familienmitgliedern verboten sein.

Kommandos (Hörzeichen)

Alle Kommandos (ausgenommen das „Komm") sind kurze und energisch gesprochene Befehle, keine Bitten. Es muss dem Hund möglich sein, die unterschiedlichen Kommandos anhand verschiedener Stimmlagen zu unterscheiden, weshalb jede Übung ihr eigenes Kommando hat. Verwenden Sie also niemals ein Kommando für zwei unterschiedliche Übungen, denn das bringt den Hund völlig durcheinander.

Gewöhnen Sie Ihren Hund nicht daran, erst auf das dritte oder vierte Kommando zu hören. Nach dem ersten nicht befolgten Befehl erfolgt sofort die unmittelbare Einwirkung und die Wiederholung der Übung bis zur richtigen Ausführung. Der Hund wird schnell begreifen, dass er sich den Tadel (negativer Reiz) erspart, wenn er gleich beim ersten Kommando folgeleistet und gelobt wird (positiver Reiz). Beenden Sie eine Übungslektion stets mit einem Kommando, das der Hund gut ausführt und somit mit einem Lob belohnt werden kann.

Die weitere Ausbildung Ihres Sennenhundes

Die Sennenhunde aller Rassen sind seit einiger Zeit keine Ausnahmeerscheinung mehr auf den Übungsplätzen der Vereine. Wer heute noch seinen Sennenhund nicht erzieht, denkt, dass ihrem Ursprung als Gebrauchshunde, die mehr oder minder frei auf den Sennen lebten, wohl Rechnung getragen werden soll. Die Zahl derer, die mit ihrem Sennenhund auch auf Agility-Plätze gehen, wird zunehmend größer. Sie konnten schon lesen, dass immer mehr Sennenhunde mit Erfolg zu Begleit-, Rettungs- oder auch Lawinenhunden ausgebildet werden. Fragen Sie bei Ihren örtlichen Vereinen nach solchen Ausbildungsmöglichkeiten, Sie werden dort sicher Informationen zu Treffen und Organisationen erhalten.

Zumindest einen „Sport", der mit den Großen Schweizern und den Bernern glänzend zu meistern ist und mit ihrer ursprünglichen Verwendung konform geht, ist das Karrenziehen. Weniger in der Stadt, aber sicher in ländlicheren Regionen können Sie so den einen oder anderen größeren Einkauf nach Hause bringen lassen. Gewöhnen Sie Ihren Sennenhund langsam zunächst an das Geschirr und dann an das Karrenziehen, Sie werden erstaunt sein, wie sehr ihm diese Betätigung gefallen wird!

In jungen Jahren können selbst die so ruhigen Berner Sennenhunde ein sehr ungestümes Temperament entwickeln. Zeigen Sie Ihrem Hund auch in seinem Interesse Grenzen auf, die er nicht überschreiten darf. Die Vermeidung gefährlicher Situationen ist aktive Gesundheitsvorsorge. Foto: I. Francais

Der Spruch „Vorsicht ist besser als Nachsicht" ist beim Thema Gesundheit passend wie selten. Viele Gesundheitsprobleme Ihres Sennenhunds sind vermeidbar, wenn Sie sich genau darüber informieren, wo die Gefahren für Ihren Hund liegen und wie Sie sie möglichst gering halten oder gar ausschließen können. Hierzu gehören die unterschiedlichsten Kapitel der Hundehaltung. Eine verantwortungsbewusste Gesundheitsvorsorge umfasst neben einer artgerechten Haltung und einem artgerechten Umgang mit Ihrem Sennenhund ganz entscheidend die Punkte Ernährung und die Krankheitsvorsorge, wie sie in diesem Kapitel beschrieben wird. Ganz trennen lassen sich die einzelnen Faktoren nicht, denn zu einer umfassenden Krankheitsvorsorge gehört eine gesunde Ernährung ebenso wie eine solide Erziehung, die Ihrem Sennenhund gezeigt hat, welchen Gefahren er sich nicht aussetzen darf. Da diese beiden Teilbereiche der Hundehaltung schon ausführlich besprochen wurden, setzen wir uns nun mit der eher medizinischen Seite der Vorsorge auseinander. Es werden Themen wie Impfungen und Besonderheiten der einzelnen Lebensabschnitte angesprochen. Da der Grundstein des neuen Lebens mit der Auswahl der Elterntiere beginnt, möchte ich kurz auf die Zucht eingehen, die mit dem Schwerpunkt der Gesundheit der Nachkommen besprochen wird und sich nicht lange an den Rassestandards aufhält. Dies soll nicht heißen, dass Rassehunde-Zucht und Gesundheit nicht Hand in Hand gehen können. Bei den Schweizer Sennenhunden ist dies nämlich ganz klar der Fall. Dennoch gibt es traurige Beispiele einer missverstandenen Zuchtauswahl, von der sich alle seriösen und verantwortungsbewussten Züchter eindeutig distanzieren möchten.

Zucht und Auswahl der Elterntiere

Wer züchten möchte, muss sich darüber im Klaren sein, dass die Aufzucht der Welpen anstrengend und beinahe eine Voll-

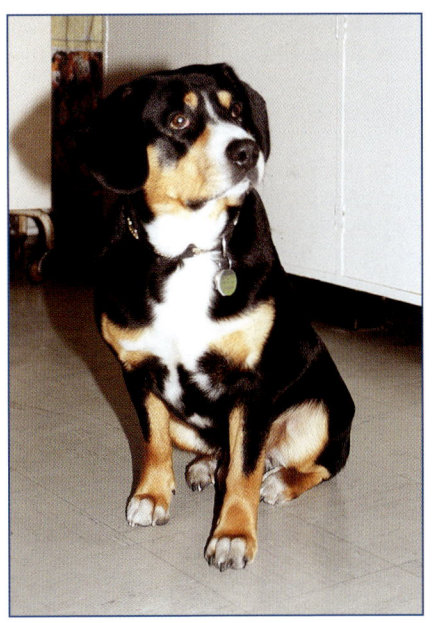

zeitbeschäftigung ist. Mit der Zucht lässt sich unter günstigen Umständen etwas Geld verdienen, aber das Risiko unkalkulierbarer Tierarztkosten im Krankheitsfall machen die Zucht nicht zu einem lukrativen Geschäft, sondern vielmehr zu einer Passion begeisterter Hundeliebhaber. Abgesehen von allen Auflagen, die Ihr Verein der Hündin und dem Deckrüden vor der Belegung macht, müssen Sie sich über die Gesundheit Ihrer Sennenhunde informieren und verschiedene Untersuchungen durchführen lassen.

Zur medizinischen Vorsorge gehört neben der Untersuchung auf Erbkrankheiten und auf eine HD oder ED auch der ausreichende Impfschutz und eine wiederholte Entwurmung der Elterntiere. Gerade die Hündin muss in einem gesundheitlich einwandfreien Zustand sein, um den Strapazen der Geburt und Aufzucht gewachsen

zu sein. Die richtige und verantwortungsbewusste Auswahl der Eltern ist der entscheidende Grundstein nicht nur für Ihre eigenen Welpen, sondern auch insgesamt für das Fortbestehen einer gesunden Rasse. Dafür tragen alleine Sie und der Verein mit seiner Zuchtüberwachung die Verantwortung. Doch nur soviel an dieser Stelle zur Zucht, die nicht Hauptthema dieses Buchs ist. Erkundigen Sie sich hierzu am besten bei erfahrenen Züchtern und Tierärzten nach den möglichen Komplikationen und dem normalen Ablauf einer Schwangerschaft. An dieser Stelle will ich mit der Besprechung der Gesundheitsvorsorge beginnen.

Allgemeine Vorsichtsmaßnahmen

Der einfachste und zugleich effektivste Rat zur Gesundheitsvorsorge ist in meinen Augen: Beobachten Sie Ihren Hund und fragen Sie sich bei auftretenden Verhaltensänderungen und äußerlich erkennbaren Veränderungen, woran dies liegen könnte. Das müssen gar keine großen Wesensänderungen oder deutlich sichtbare Ekzeme oder Ausflüsse sein, das können

Nicht jeder Hund ist ein Held beim Tierarzt, auch wenn Ascan auf Ausstellungen jeden Pokal gewinnt. Damit er neben den notwendigen Routineuntersuchungen möglichst selten in der Praxis ist, können Sie durch Vorsorge eine Menge für seine Gesundheit leisten.
Foto: bede-Verlag

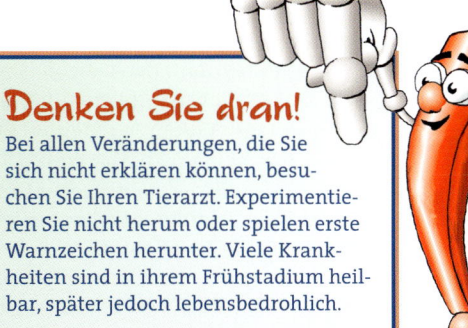

Denken Sie dran!

Bei allen Veränderungen, die Sie sich nicht erklären können, besuchen Sie Ihren Tierarzt. Experimentieren Sie nicht herum oder spielen erste Warnzeichen herunter. Viele Krankheiten sind in ihrem Frühstadium heilbar, später jedoch lebensbedrohlich.

ganz subtil verlaufende Erscheinungen sein, die Sie aber von Anfang an nicht zur Seite schieben und vernachlässigen dürfen. Lieber gehen Sie der Sache einmal zu oft nach, als vielleicht den Beginn einer Krankheit zu überspielen, die dann in einigen Fällen nicht oder nur sehr viel aufwändiger und somit auch kostenintensiver behandelt werden muss. Doch ich will mich nicht an den Kosten aufhalten, denn ich denke, dass für Sie als verantwortungsbewussten Hundehalter die Gesundheit Ihres Sennenhundes das Maß der Dinge ist, nicht die Höhe der Arztrechnungen.

Neben dem aufmerksamen Beobachten Ihres Sennenhundes spielen noch andere Faktoren in eine direkte Vorsorge hinein. Dazu zählt ganz entscheidend Ihre Aufmerksamkeit und Ihr Gespür für gefährliche Situationen. Obwohl unseren Sennenhunden schon von der Natur bestimmte Instinkte zur Gefahrenvermeidung mit in die Wiege gelegt werden, kennen sie kein Stadtleben, keine Autos, keine Elektrizität oder andere, künstliche Gefahrenquellen. Hier liegt es eindeutig an Ihnen, diese Gefahren für Ihren Sennenhund zu minimieren und fahrlässige Situationen zu vermeiden. Achten Sie darauf, was Ihr Hund in die Schnauze nimmt, was er frisst, woran er riecht, womit er gerne spielt. Viele Dinge, die bei Ihnen in der Wohnung, im Haus oder im Garten herumliegen, sind für Sie keine Gefahr, können aber von Ihrem Sennenhund verschluckt werden, ihm die Luft abschnüren oder im Magen-Darm-Trakt zu ernsthaften Problemen führen. Ebenso sind die wenigsten Süßigkeiten und schon gar keine chemischen Mittel für Hunde geeignet. Sie sind meist schwer krank machend oder gar tödlich, nur weiß der Hund dies nicht. Achten Sie genau darauf, was Sie wo herumliegen lassen und ob es für Ihren Hund erreichbar ist, wenn er denn unbedingt will.

Gerade Welpen knabbern gerne an allen möglichen Dingen herum und Stromkabel sind da eine echte Gefahr. Im Kapitel „Erste Hilfe" finden Sie einige Anregungen, wie Sie diesen Gefahren begegnen können.

Neben den Vorkehrungen, die Sie im häuslichen Umfeld Ihres Sennenhundes treffen können, sind Vorkehrungen aus medizinischer Sicht nicht nur empfehlenswert, sie sind ein absolutes Muss. Ich spreche hier nicht von Gefahren, die von der technisierten Umgebung des Hundes ausgehen, sondern von Krankheitserregern aller Art. Neben Impfungen gegen die häufigsten Krankheiten, auf noch detailliert eingegangen wird, gehört hierzu auch das Wissen darum, wo die Krankheitserreger lauern und wie sich Ihr Hund anstecken kann. In Ihrem eigenen Sinn und in dem aller Hundehalter isolieren Sie Ihren infizierten Hund genauso, wie Sie es von anderen Hundehaltern erwarten. Achten Sie trotzdem auch bei Ihnen unbekannten Hunden auf deren Äußeres und vermeiden Sie deren Kontakt zu Ihrem Hund, wenn Sie offensichtliche Anzeichen der Verwahrlosung oder Krankheit erkennen.

Da Sie im Kapitel „Infektionen und Parasitosen" genau erfahren können, wie die Infektionsketten der einzelnen Krankheiten verlaufen, möchte ich dies an dieser Stelle übergehen und näher auf den Sinn und die Praxis der üblichen Schutzimpfungen eingehen.

Impfungen

Es existieren heutzutage gegen einige der gefährlichsten Infektionskrankheiten gute Impfstoffe, die Ihren Hund meist völlig von

Impfschema der Grundimmunisierung

Zeitpunkt	Impfung gegen	Kommentar
6. Woche	Parvovirose Staupe	} Vorgezogen bei erhöhtem Infektionsrisiko
8. Woche	Parvovirose Staupe	} wenn nicht bereits in der sechsten Woche
	Hepatitis c.c. Leptospirose Zwingerhusten (Virushusten)	generell möglich, empfohlen, wenn Hund zu Risikogruppe gehört
10. Woche	Parvovirose	Auffrischung, wenn bereits in der sechsten Woche das erste Mal geimpft wurde
12. Woche	Parvovirose Staupe	Auffrischung, wenn bereits in der achten Woche das erste Mal geimpft wurde
	Hepatitis c.c. Leptospirose Zwingerhusten (Virushusten)	Auffrischung, wenn in der achten Woche geimpft wurde
ab 12. Wochen	Tollwut	
jährlich	Parvovirose Leptospirose Tollwut Zwingerhusten Staupe Hepatitis c.c.	} Auffrischung

den pathologischen, also krankmachenden Folgen einer Infektion bewahren. Auch wenn nicht immer ein absoluter Impfschutz garantiert sein kann, ist der Krankheitsverlauf eines geimpften Sennenhundes immer leichter als der eines ungeschützten Hundes.

Eine Impfung, das ist wichtig zu verstehen, schützt nicht vor der eigentlichen Infektion, denn sie hindert die Krankheitserreger nicht, in den Körper einzudringen. Eine Impfung bereitet das Immunsystem

Ein durch und durch gesunder Hund ist nicht nur der Stolz seines Besitzers. Dieser Entlebucher wird seinen Haltern die gute Pflege danken. Foto: Fam. Hasselmann

des Geimpften nur auf den Erreger und seine Bekämpfung vor. In den Gedächtniszellen des Immunsystems sind nach der erfolgten Impfung nebst Auffrischung Antiköper gespeichert, die den jeweiligen Eindringling spezifisch bekämpfen können. Dazu muss der Erreger aber erst einmal in das Kreislaufsystem des Hundes gelangen. Die eigentliche Krankheit mit all ihren unangenehmen, im schlimmsten Fall tödlichen Wirkungen und Symptomen ist also nicht das Eindringen in den Körper, sondern die unkontrollierte Vermehrung der Erreger darin. Genau hier setzt das Immunsystem an, denn egal ob geimpft wurde oder nicht, bekämpft es die Erreger. Die Krankheit bricht nur dann aus oder endet tödlich, wenn das Immunsystem die Vermehrung der Erreger nicht oder zu spät stoppen kann. Der große und entscheidende Vorteil der Impfung liegt demnach darin, dass das Immunsystem bei Infektionskrankheiten, gegen die der Hund bereits einen vollständigen Impfschutz erworben hat, weiß, wie der Erreger zu bekämpfen ist. Die durch die Imp-

fung erworbenen Antikörper sind in den Gedächtniszellen gespeichert und können im Fall einer Infektion fast ohne Zeitverlust in vielfacher Kopie angefertigt werden. Dem Erreger bleibt weniger Zeit, sich in ausreichender und unkontrollierbarer Menge zu vermehren. Der Körper hat somit die besten Chancen, die Erreger abzuwehren. Dazu gehört natürlich ein gutes Allgemeinbefinden. Impfungen müssen in regelmäßigen Abständen wiederholt werden. Das Impfschema auf Seite 57 fasst die empfohlenen Impfungen zusammen und gibt gleichzeitig den optimalen Zeitpunkt an. Etwas detaillierter werden die Impfungen in den jeweiligen Kapiteln über die Lebensabschnitten besprochen, in denen zu ihnen geraten wird.

Wurmkuren

In regelmäßigen Abständen, meist halbjährlich, müssen Sie bei Ihrem Schweizer Sennenhund eine Wurmkur durchführen. Leben kleine Kinder im Haushalt, ist sogar eine vierteljährliche Entwurmung Ihrer Hunde ratsam, um eine Ansteckung der Kinder zu vermeiden. Beim Tierarzt erhalten Sie Präparate, die gegen mehrere Wurmparasiten gleichzeitig wirken und einfach zu handhaben sind. Neben den routinemäßigen Kuren werden Sie diese natürlich auch bei jedem Befall mit Band-, Peitschen-, Haken- oder Rundwürmern sofort durchführen. Ebenso ist eine Wurmkur vor jeder Trächtigkeit und nach dem Werfen sowohl bei der Mutter als auch bei den Welpen notwendig, auch wenn diese zum Zeitpunkt der Befruchtung wurmfrei war. Die Larven einiger Wurmparasiten haben die Angewohnheit, verkapselt in der Muskulatur Dauerstadien zu bilden, die auf Grund der veränderten Hormonzusammensetzung während der Trächtigkeit freigesetzt werden. Näheres hierzu finden Sie im Kapitel „Infektionen und Parasitosen".

Nach diesen allgemeineren Informationen sehen wir uns nun die einzelnen Lebensabschnitte der Schweizer Sennenhunde genauer an. Sie werden erfahren, was Sie von den ersten Wochen bis zu den letzten Tagen Ihres Vierbeiners zu beachten haben.

Im Alter bis acht Wochen

Nach überstandener Geburt müssen sich die frisch geborenen Welpen und die Mutter erst einmal erholen und benötigen Ruhe. So sehr Ihre Hilfe während der Geburt gebraucht wurde, so sehr hilft den Hunden nun eine Pause zum Entspannen und Kräfte sammeln. Achten Sie in den folgenden Tagen sehr genau auf das Verhalten der Welpen und der Mutter. Gerade zu

Foto links:
Entlebucher Welpen beim Fressen
Foto: Fam. Hasselmann

Foto rechts:
Entlebucher in der Wurfkiste
Foto: Fam. Zoeger

Anfang nehmen die Welpen stark an Gewicht zu und fühlen sich rund und wohlgenährt an. Bei großen Würfen kann es sein, dass die Mutter nicht genügend Milch produzieren kann. Dadurch weisen aber dann nicht alle Welpen einen

geringeren Gewichtszuwachs auf, sondern einige würden ganz auf der Strecke bleiben, wohingegen die stärkeren Welpen gut im Futter stehen. Zunächst sollten Sie versuchen, der Hündin durch hochwertiges und ausreichendes Futter zu einer höheren Milchproduktion zu verhelfen. Auch können Sie die Welpen in kleinen Gruppen von Hand an die Zitzen setzen und so eine bessere Kontrolle über die Milchaufnahme der

Denken Sie dran!

Das Immunsystem der neugeborenen Welpen ist noch sehr schwach. Erste Antikörper erhalten die Welpen mit der Muttermilch, die Impfungen werden erst in der achten Woche durchgeführt. In dieser Phase achten Sie besonders darauf, womit sich Ihr Hund beschäftigt, um mögliche Infektionen zu vermeiden.

einzelnen Hunde erreichen. Ferner beobachten Sie, ob die vorhandene Muttermilch auch wirklich von den Kleinen ausgetrunken wird. Erst wenn alle diese Bemühungen nicht fruchten, sollten Sie helfend einspringen und die Kleinen per Hand aufziehen. Geeignete Welpenmilch bietet Ihr Tierarzt oder der Fachhandel an. Bleiben alle Welpen im Wachstum zurück und wirken unterernährt, hat die Mutter wahrscheinlich ernsthaftere Probleme mit der Milchproduktion oder leidet an einer Entzündung der Milchdrüsen. Fragen Sie Ihren Tierarzt um Rat, der die eindeutige Diagnose stellen kann. Im Krankheitsfall müs-

sen Sie die Welpen von Hand aufziehen. Wichtig ist, dass die Welpen innerhalb der ersten 24 Stunden mit dem Saugen beginnen. Hierbei nehmen Sie neben den wichtigen Nährstoffen auch von der Mutter gebildete Antikörper auf und stärken so ihr eigenes, noch schwaches Immunsystem. Leider enthält die Milch nicht nur Gutes, sondern in den meisten Fällen auch Wurmlarven, die während der Schwangerschaft freigesetzt wurden und sich vermehren konnten. Über 75 % der Welpen werden so mit Würmern infiziert und müssen deshalb entwurmt werden, ebenso das Muttertier. Da Sie die erste Tierarztuntersuchung besser nicht zu lange aufschieben, sondern die Jungen schon nach einer Woche routinemäßig untersuchen lassen sollten, kann Ihnen der Tierarzt hierbei gleich ein geeignetes Mittel verschreiben. Züchten Sie das erste Mal, so schreibt der SSV eine Untersuchung nach der ersten Woche sogar zwingend vor. Die Wurmkuren müssen wiederholt werden, bis die Welpen und die Mutter wieder wurmfrei sind, danach reicht eine etwa halbjährliche Prophylaxe. Ein starker Wurmbefall kann für Ihre Welpen tödlich enden. Spulwürmer gehen auch auf den Menschen über.

In den ersten acht Wochen werden die Welpen zusehends kräftiger und aktiver. Sie beginnen, ihre Umgebung zu erforschen und werden an allem herumknabbern und alles Mögliche ausprobieren. So schön und interessant diese Zeit ist, so viele Gefahren birgt sie auch für die unerfahrenen Welpen und genau so viele Anstrengungen stehen Ihnen bevor. Die Kleinen sind natürlich nicht stubenrein und anfangs auch gar nicht in der Lage den Bereich um die Mutter zu verlassen, achten Sie hier auf Sauberkeit. Zwar wird der erste Milchkot noch von der Mutter beseitigt, indem sie ihn frisst, mit Beginn der ersten Zufütterungen aber lässt sie die kleinen Haufen schon lieber liegen. Das „richtige" Leben beginnt für die kleinen Sennenhunde dann ab der sechsten bis achten Woche. In dieser Zeit müssen die ersten Impfungen erfolgen. Sollten Ihre Welpen schon jetzt Kontakt zu anderen Hunden haben, sind die Impfungen gegen Parvovirose und je nach Anraten des Tierarztes auch gegen Staupe zeitlich etwas vorzuziehen. Die erste Immunisierung sollte schon in der sechsten Lebenswoche stattfinden.

Im Alter von acht bis sechszehn Wochen

Spätestens in der achten Lebenswoche muss eine gründliche Untersuchung der Welpen durch den Tierarzt erfolgen. Bei dieser Generaluntersuchung werden die neu durchbrechenden Zähne auf ihre richtige Stellung kontrolliert. Erste Anzeichen von Augenproblemen können sich zeigen. Bei Rüden wird kontrolliert, ob beide Hoden richtig in den Hodensack gewandert sind. Sind die Welpen topfit werden bei dieser Gelegenheit gleich die notwendigen Schutzimpfungen verabreicht. Sollten die Welpen gegen Parvovirose und gegebenenfalls auch gegen Staupe noch nicht geimpft

worden sein, werden diese Impfungen nun zusammen mit denen gegen Hepatithis (H.c.c.) und Leptospirose nachgeholt. Bei gefährdeten Sennenhunden wird Ihr Tierarzt zusätzlich zu einer Impfung gegen Zwingerhusten (Tracheobronchitis) raten. Die Erstimmunisierung muss nach vier Wochen aufgefrischt werden und so werden die Welpen in der zwölften Lebenswoche nochmals gegen Parvovirose, Staupe, Hepathitis (H.c.c.) und Leptospirose

Das wahre Leben beginnt für die Welpen erst in der achten Lebenswoche. Jetzt werden sie merklich aktiver und erforschen ihre Umgebung wesentlich selbstständiger. Diesem Berner Sennenhund steht nun die wichtigste Phase seines Lebens bevor, in der er vor allem soziales Verhalten lernt.
Foto: bede-Verlag

geimpft. Zugleich werden sie das erste Mal gegen Tollwut geimpft. Wurden die Impfungen gegen Parvovirose und Staupe in die sechste Lebenswoche vorgezogen, so ist auch die Auffrischung gegen diese Erreger um zwei Wochen in die zehnte Lebenswoche vorzuziehen. Der Impfschutz gegen Tollwut wird dann in der 16. Lebenswoche aufgefrischt. Die weiteren Auffrischungen dieser Grundimmunisierung gegen Parvovirose, Leptospirose, Tollwut, Staupe und Hepathitis (H.c.c.) finden nun jährlich statt. Die Einhaltung dieser Auffrischungen ist sehr wichtig für die Kontinuität des Impfschutzes und darf von Ihnen nicht vergessen werden. Manche Tierärzte bieten Ihnen an, Sie an die fälligen Auffrischimpfungen zu erinnern. Gerade die Tollwutauffrischung kann Ihrem Hund das Leben retten. Die gesetzlichen Bestimmungen in Deutschland schreiben die Tötung eines Hundes vor, dessen letzte Auffrischung länger als 365 Tage her ist, wenn er von einem tollwutverdächtigen Tier verletzt wurde. Dabei ist es egal, ob die Tollwut nachweislich übertragen wurde oder nicht! Schützen Sie sich und Ihren Sennenhund vor solch grausamen Situationen, indem Sie regelmäßig bei Ihrem Tierarzt vorbeischauen.

Neben diesen medizinischen Maßnahmen, mit denen Sie den Grundstein für eine gesunde Zukunft Ihrer Welpen legen, ist der Zeitraum zwischen der achten und zwölften Lebenswoche aber noch durch eine andere für das spätere Verhalten Ihrer Sennenhunde wichtige Phase bestimmt, die als Sozialisationsphase bezeichnet wird. In ihr lernen die Welpen im weitesten Sinne soziales Verhalten. Das bedeutet für Sie, Ihren Schweizer Sennenhund in möglichst viele neue Situationen zu bringen, in denen

er den Umgang mit Geräuschen, anderen Tieren – nicht nur Hunden – und anderen Menschen kennenlernen kann. Ab der achten Woche beginnt die Selbstständigkeit der Welpen. Sie lösen sich von der Mutter und machen ihre eigenen Erfahrungen. Es ist der Zeitpunkt, ab dem der Züchter die Welpen abgeben darf. Die Welpen sind in dieser Lebensphase sehr abenteuerlustig und verspielt, aber auch sehr lernbegierig. Beginnen Sie mit der Erziehung der Welpen so schnell es geht, aber überfordern Sie die Kleinen nicht und seien Sie nachsichtig, wenn das Spielen und Entdecken momentan die Lust am Üben übersteigt. Erstes Ziel Ihrer Erziehung wird neben den Grundbefehlen des Auslassens, Sitz oder Platz die Stubenreinheit sein. Da die Grundimmunisierung bis zur zwölften Woche noch nicht abgeschlossen ist, müssen Sie bis dahin verstärkt auf den Umgang des Welpen achten. In keinem Fall aber dürfen Sie den Welpen bis dahin isolieren. Auch wenn die ersten Wochen im neuen Zuhause aufregend sind und es unendlich viel Neues zu entdecken gibt, ist auch der Umgang mit fremden Menschen wichtig, um später einen offenen, freundlichen Sennenhund zu besitzen. Machen Sie Ihren Hund jetzt mit den anderen Haustieren bekannt. Sollten Sie die Anschaffung eines weiteren Haustieres planen, können Sie schon jetzt ein Zusammentreffen organisieren. Vielleicht besitzt einer Ihrer Bekannten eine Katze, die Sie Ihrem Welpen schon einmal zeigen können.

Jetzt ist es für den Welpen an der Zeit, die Welt des Menschen zu erkunden. Alltägliche Dinge, wie der Straßenverkehr, Auto fahren oder die öffentlichen Verkehrsmittel sind Dinge, an die sich der Kleine so schnell wie möglich gewöhnen sollte. Sie können ab der zwölften Woche auch beruhigt den einen oder anderen etwas längeren Spaziergang im Wald riskieren und auch das Zusammensein mit unbekannten Hunden ist nun, nach Erreichen der Grundimmunisierung, kein größeres Wagnis mehr. Achten Sie jedoch weiterhin darauf, mit welchen Hunden Ihr Sennenhund spielt, woran er schnüffelt und was er ins Maul nimmt. Auch wenn die Grundimmunisierung abgeschlossen ist, gibt es immer noch genügend andere Krankheitskeime, mit denen sich Ihr Welpe infizieren könnte. Das Immunsystem ist noch nicht so weit entwickelt, wie bei einem erwachsenen Hund. Auch leichtere Infektionen können problematischere Krankheitsverläufe nach sich ziehen.

Eine ganz andere Sorge kommt mit den ersten Ausflügen auf Sie zu: Ihr Hund könnte davonlaufen oder sich ganz einfach verirren. Da muss keine böse Absicht oder der Wille nach Freiheit dahinter stehen. Im Spiel mit anderen Hunden oder beim Erkunden unwegsamen Geländes ist dies manchmal schneller geschehen als gedacht. Erste Maßnahme ist natürlich auch hier die Vorsicht und ein ständig waches Auge. Sie müssen vor den ersten Ausflügen Ihren Hund genauso kennen wie er Sie. Auf Zuruf muss er zu Ihnen kommen, ansonsten sollten Sie ihn an unwegsameren, unübersichtlichen Stellen auf Ihrem Spaziergang lieber an die Leine nehmen. Leider lässt sich nicht jeder Unglücksfall im Vorhinein ausschließen und so müssen Sie weitere Vorsichtsmaßnahmen für den Fall treffen, dass Ihr Sennenhund verlorengeht.

Es gibt schon seit längerer Zeit die Möglichkeit, Hunden eine Erkennungsnummer tätowieren zu lassen, die sich meistens an der Innenseite des Ohrs befindet.

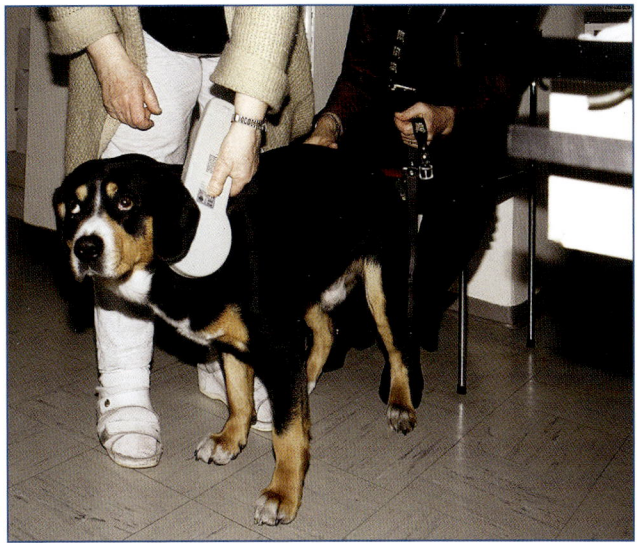

Mit einer kleinen, lokalen Betäubung ist dieser Eingriff für die Welpen schmerzfrei. Bei VDH Züchtern und somit allen Welpen des SSV und des DCBS wird die Tätowierung oder die Implantation eines Mikrochips schon vor der Abgabe der Welpen an die neuen Besitzer veranlasst. Die Nummer ist beim Zuchtbuchamt registriert, eine zentrale Registrierung ist Sache des Halters. Wird ein Hund in ein Tierheim gebracht, kann bei zentraler Registrierung schnell der Besitzer identifiziert und benachrichtigt werden. Achten Sie immer auf eine gute Lesbarkeit der Tätowierung, die ein Leben lang halten sollte, aber im Lauf der Zeit verblassen kann und dann aufgefrischt werden muss. Seit einiger Zeit gibt es die Möglichkeit der Implantation eines Mikrochips unter die Haut, meist in der Region einer Halsseite. Der Chip ist etwa reiskorngroß und wird ohne Betäubung direkt unter die Haut verpflanzt. Mit einem entsprechenden Lese-

Neben einer Tätowierung im Ohr lassen immer mehr Halter ihrem Hund einen Mikrochip implantieren. Mit einem speziellen Lesegerät können die gespeicherten Daten abgerufen und der Halter emittelt werden. Foto: bede-Verlag

Damit auch aus Ihrem Welpen einmal solch ein stattlicher Hund wird, müssen Sie sich vom ersten Augenblick Ihres Zusammenlebens an über Ihre Verantwortung für seine Gesundheit bewusst sein. Foto: I. Francais

gerät kann so der Halter identifiziert werden. Da der Eingriff von außen nicht sichtbar ist, sollte der Hund in diesem Fall einen Hinweis tragen, dass ein Mikrochip implantiert ist.

Traditionell ist die einfachste Vorsorge das Halsband mit der Steuermarke, am besten zusätzlich noch mit der Anschrift und Telefonnummer der Besitzer. Achten Sie aber darauf, dass das Halsband nicht zu eng sitzt, wenn der Hund damit frei im Gelände herumläuft. Er muss sich, sollte er mit dem Band an Gestrüpp oder Ästen hängenbleiben, daraus befreien können, um nicht Gefahr zu laufen, sich selbst zu strangulieren. Leider ist eine Identifizierung nach dem Abstreifen des Halsbands nur noch durch den Besitzer selbst möglich.

Spielen gehört zum Leben eines Entlebuchers. Wenn er mit zwölf Monaten ausgewachsen ist, können Sie ihm auch stärkere Belastungen zumuten. Im Alter lässt auch beim aktiven Entlebucher der Spieltrieb und Bewegungsdrang nach.
Foto: Fam. Hasselmann

Sollte Ihr Sennenhund einmal verloren gehen, informieren Sie Nachbarn und Tierheime in der Nähe. Dies erhöht Ihre Chancen, Ihren Hund schnell wiederzubekommen.

Im Alter von vier bis zwölf Monaten

Im Alter von sechzehn Wochen hat der Welpe alle Impfungen hinter sich und ist somit rundum geschützt. Weitere Untersuchungen auf HD und ED sind nun zuverlässiger und sollten im Alter ab zwölf Monaten durchgeführt werden. Augenerkrankungen können sich schon früher zeigen, gerade erbliche Probleme mit der Netzhaut (PRA) treten häufiger auf.

Mit Vollendung des sechsten Lebensmonats hat Ihr Sennenhund seine Milchzähne verloren und die bleibenden Zähne sind an ihre Stelle getreten. Der Tierarzt wird kontrollieren, ob der Biss stimmig ist und keine Zahnfehlstellung vorliegt. Bei größeren Problemen, die wenn überhaupt meist durch die Fangzähne verursacht werden, müssen die fehlstehenden Zähne gezogen werden. Dies bereitet den Hunden aber keine größeren Probleme, denn die Jagd entfällt für sie und das Futter ist vorgekocht und zubereitet.

Das Thema Zahnhygiene ist leider eines der am wenigsten beachteten in der Hundehaltung. Gerade Zahnstein führt zu Zahnfleischentzündungen, die zu erheblichen Gesundheitsbeeinträchtigungen führen. Dabei ist ein ständig fauliger Mundgeruch noch das kleinste, wenn auch markanteste Übel. Zahnstein hat verschiedene Ursachen, die nicht zuletzt auch in einer ererbten Prädestination liegen können. Sie haben aber verschiedenste Möglichkeiten der Zahnsteinbildung entgegen zu wirken und diese zu behandeln. Eine krankhafte Bildung von Zahnstein kann in einer falschen Ernährung schon im Welpenalter begründet liegen. Sorgen Sie dafür, dass Ihr Sennenhund immer etwas zu knabbern bekommt. Er kann so seine Zähne reinigen und sein Zahnfleisch stärken, das von der erhöhten Durchblutung profitiert. Spezielle Kauknochen oder andere Kaugegenstände erwerben Sie im Fachhandel oder

Denken Sie dran!

Zahnsteinbildung kann zum Problem werden, wenn sich das umliegende Zahnfleisch entzündet. Um der Bildung entgegen zu wirken, geben Sie Ihrem Sennenhund regelmäßig Kauknochen. Vorhandenen Zahnstein lassen Sie vom Tierarzt entfernen.

direkt bei Ihrem Tierarzt. Sollte die Umstellung und Erweiterung der Ernährung alleine nicht helfen, haben Sie noch die Möglichkeit auf spezielle Zahnreinigungsmittel zurückzugreifen. Genau wie beim Menschen können Sie mit Zahnbürste und Zahnpasta das Gebiss Ihres Sennenhundes durch zwei- bis dreimaliges Putzen pro Woche reinigen und beginnende Ablagerungen, die sogenannte Plaque, die zu Zahnstein führt, entfernen. Bildet sich Zahnstein, so führt dieser zu Zahnfleischent-

zündungen, Zahnfleischschwund und Taschenbildung. Eine Behandlung durch den Tierarzt wird hier unvermeidlich. Besser ist es, wenn Sie regelmäßig mit Ihrem Hund zum Tierarzt gehen und den Zahnstein entfernen lassen, wenn Ihr Hund eine solche Veranlagung hat.

Ab einem Alter von sechs Monaten kann eine Kastration vorgenommen werden. Ob dadurch, wie oftmals behauptet wird, das Risiko an verschiedenen Krebsarten zu erkranken vermindert, oder ob sich die Chance verringert, Probleme mit der Prostata zu bekommen, ist noch nicht schlüssig bewiesen und darf auf keinen Fall der alleinige Grund für eine Kastration sein. Diese ist in Deutschland noch verboten und darf nur aufgrund einer medizinischen Indikation wie Hodentumoren oder beim Verbleiben der Hoden in der Bauchhöhle vorgenommen werden. Als Nebeneffekte der Kastration treten manchmal Veränderungen des Fells auf, das sich flauschiger, „welpenartig" zeigt. Wesentlich geläufiger und zugleich problematischer sind jedoch die Folgen der Kastration vor Erreichen der Geschlechtsreife in Bezug auf die spätere Entwicklung. Gerade Gewichtsprobleme bis hin zur Fettleibigkeit, der durch eine spezielle kalorienarme Kost vorgebeugt werden muss, und Inkontinenzprobleme bei Hündinnen sollen hier nicht unerwähnt bleiben.

Im Alter von ein bis sieben Jahren

Ab einem Alter zwischen zwei und zweieinhalb Jahren gilt Ihr Sennenhund als erwachsen. Eine tierärztliche Grunduntersuchung bietet sich zu diesem Zeitpunkt an. Zeigen sich keine Probleme im Skelettaufbau, so ist mit ihnen jetzt auch nicht mehr zu rechnen. Desweiteren wird der Tierarzt Augen und Ohren einer eingehenden Untersuchung unterziehen und die Organfunktionen prüfen, wobei ein spezielles Augenmerk auf Herz und Lungen gelegt wird. Das Maul und den Rachenraum wird er begutachten und gegebenenfalls eine weitere Entwurmung und die ersten Auffrischimpfungen veranlassen. Er wird Sie als Halter nach Auffälligkeiten in den ersten zwölf Monaten befragen, um zu einem abschließenden Urteil über den Allgemeinzustand Ihres Sennenhundes zu kommen.

Ein schon angesprochenes Thema wird Sie nun die nächsten Jahre begleiten, die Zahnhygiene, auf die Sie wirklich achten müssen. Lassen Sie Zahnstein regelmäßig entfernen und sorgen Sie auch in der Prophylaxe für ausreichende Maßnahmen.

Ansonsten bieten Sie Ihrem Sennenhund soviel Abwechslung wie möglich. Er darf sich nicht langweilen und möchte täglich mehrmals an die frische Luft, zumindest einmal am Tag etwas länger. Überlegen Sie sich gut, ob Sie Nachwuchs aufziehen möchten und erkundigen Sie sich im Falle dass, am besten bei erfahrenen Züchtern, nach den Voraussetzungen und der Arbeit, die mit der Hundezucht verbunden ist.

Der alte Sennenhund

Schon ab einem Alter von sieben Jahren tritt Ihr Sennenhund in seinen zweiten Lebensabschnitt. Sie werden ziemlich schnell bemerken, dass sich die anfänglichen Ruhepausen ausdehnen, längere Spaziergänge für den Hund immer anstrengender werden und er mit der Zeit bei normaler Fütterung etwas Speck ansetzt. Es wird Zeit, diesen Alterserscheinungen Tribut zu zollen und sowohl die Ernährung als auch die täglichen Aktivitäten der neuen Situation anzupassen. Die Spaziergänge werden vor allem kürzer, nicht seltener, und das Futter wird auf eine altersgerechten Kost umgestellt. Selbstverständlich werden die medizinischen Untersuchungen im jährlichen Rhythmus genauso beibehalten, wie die Auffrischungsimpfungen und gelegentlichen Wurmkuren. Auch wenn hier und da die Meinung besteht, dass einem geschwächten Hund eine Impfung schadet, ist genau das Gegenteil der Fall. Natürlich wird kein Tierarzt einen kranken Hund durch eine Impfung zusätzlich schwächen, aber hat sich Ihr Sennenhund von der Krankheit erholt, stärkt jede weitere Impfung sein Immunsystem auch vor anderen Erkrankungen. Sie können in regelmäßigen Abständen, praktischerweise gleich bei den Jahresuntersuchungen, weitere medizinische Kontrollen veranlassen. So sollte nun auch das Blutbild untersucht werden, Urinproben ausgewertet und bei verdächtigen Symptomen ein EKG oder eine zusätzliche Röntgenaufnahme gemacht werden. All diese Vorsorgemaßnahmen sind mit Kosten verbunden, helfen aber, Krankheiten früh zu erkennen, schnell zu behandeln und somit heilen zu können. Sie ermöglichen Ihrem Sennenhund so einen zufriedenen und gesunden Lebensabend. Nur dürfen Sie nicht davor zurückschrecken, ihn in aussichtsloser Situation von seinen Qualen zu befreien. Ihre Liebe und Zuneigung zeigen Sie ihm nun, indem Sie ihn bis zum Schluss begleiten. Ihr Sennenhund wird es Ihnen danken und Sie werden sich später keine Vorwürfe machen, nicht alles für ihn getan zu haben.

Wann ist Ihr Schweizer Sennenhund krank?

	Gesunder Hund	Kranker Hund
Augen	klar	gerötet, trübe, ständiges Reiben mit den Pfoten
Nase	sauber	Ausfluss, eitrig verklebt
Ohren	sauber	verkrustet, Ausfluss, übler Geruch, ständiges Kratzen oder Kopfschütteln
Fell	sauber, stehend	struppiges Aussehen, Haarausfall eventuell mit Hautekzemen
Schleimhäute	rosafarben	blass rosa bis weißlich oder rot entzündet
Zahnfleisch	rosafarben, gut durchblutet	weißlich, rot entzündet, käsiger, übelriechender Belag
Bewegungsapparat	fließende Bewegungen	Lahmheit, Bewegungsunlust, Schmerzlaute, Schwierigkeiten beim Aufstehen
Verdauung	fester Kot, keine Verschmutzungen des Fells im Analbereich	Durchfall, verschmutzte Analregion, häufiges Erbrechen, anhaltende Verstopfung, keine Kotabgaben, aufgeblähtes Abdomen
Temperatur	normal, 37,5 bis 39 °C	zu hoch, zu niedrig
Verhalten	aufmerksam, aktiv, Futter- und Wasserkonsum normal	apathisch, unkonzentriert, unregelmäßiges Fressen, Futterverweigerung, erhöhtes Trinkbedürfnis, Rastlosigkeit, Winseln, erhöhtes Ruhe- und Schlafbedürfnis

Für Sie als verantwortungsbewussten Hundehalter muss die Gesundheit Ihres Schweizer Sennenhundes im Vordergrund aller Bemühungen stehen. Hierbei stehen die vorbeugenden Maßnahmen, wie im vorherigen Kapitel beschrieben, eindeutig im Vordergrund. Ist Ihr Sennenhund jedoch erkrankt, sollten Sie zunächst lernen, wie Sie schnell und problemlos eine erste Diagnose selbst stellen können, um dann entsprechend zu handeln. Krankheiten kündigen sich oftmals durch kleine Vorzeichen, sprich Veränderungen im Verhalten und den grundlegenden Körperfunktionen, an, bevor sie sich im Organismus ausbreiten. Deshalb müssen Sie den „status quo" Ihres Sennenhundes kennen.

Fiebermessen mit Ihrem Sennenhund, damit er und Sie sich mit den Handgriffen vertraut machen. Bei Flüssigkeitsthermometern sollte die Messung mindestens über 30 bis 60 Sekunden dauern, digitale Thermometer machen sich durch einen Ton am Ende der Messung bemerkbar.

Eine leichte Überhitzung kann nach körperlicher Anstrengung oder durch Aufgeregtheit entstehen, messen Sie zur Sicherheit später ein zweites Mal. Sollte der Wert sich auch dann nicht normalisiert haben, gehen Sie zu Ihrem Tierarzt. Fieber ist ein alamierendes Zeichen für innere Entzündungen und Infektionskrankheiten. Eine deutliche Unterkühlung sollte Sie auf jeden Fall alarmieren, gehen Sie schnellstmöglich zum Tierarzt.

Die Körpertemperatur

Die Körpertemperatur eines Schweizer Sennenhundes liegt etwas über der von uns Menschen. Als normal gelten Körpertemperaturen zwischen 37,5° C und 39° C. Eine vertrauenswürdige Messung ist nur über den After möglich. Da Ihr Sennenhund diese Prozedur nicht sonderlich gerne über sich ergehen lässt, empfehle ich Ihnen, ein digitales Thermometer zu erweben, das die Temperatur nach wenigen Sekunden genau anzeigt. Vor der Messung fetten Sie die Thermometerspitze leicht ein. Zur Messung heben Sie die Rute Ihres Hundes an und führen das Thermometer ein. Halten Sie das Thermometer und die Rute während der gesamten Dauer der Messung fest. Sollte sich Ihr Hund sträuben, lassen Sie Ihn gehen und wiederholen den Versuch später. Üben Sie das

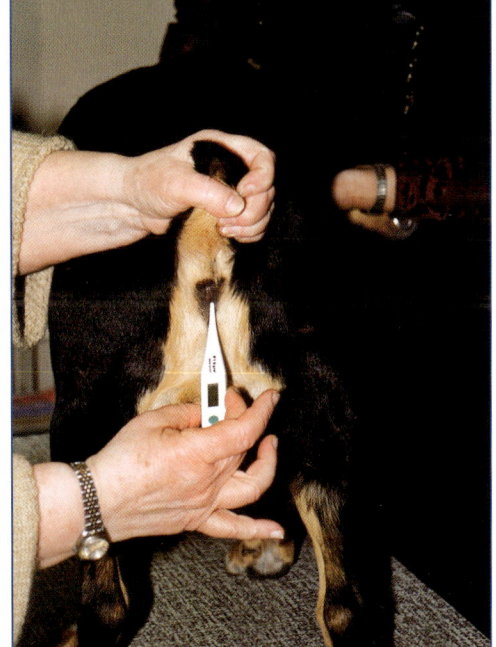

Die Körpertemperatur messen Sie am besten mit einem digitalen Thermometer, das die Temperatur nach wenigen Sekunden genau anzeigt. Kurzzeitige Temperaturschwankungen können immer die Folge von stärkerer Beanspruchung sein.
Foto: bede-Verlag

Das Kreislaufsystem und die Atmung

Bekanntlich zählen sowohl wir Menschen als auch die Hunde zu den Säugetieren. Wir besitzen beide ein geschlossenes Kreislaufsystem, dessen Zustand sich vereinfacht über die Ihnen allen bekannten Werte Pulsfrequenz und Blutdruck beschreiben lässt. Den Blutdruck zu bestimmen ist Sache des Tierarztes, die Pulsfrequenz können Sie selbst leicht feststellen. Pulsfrequenz und Herzschlag sind identische Werte, so dass Sie zur Bestimmung entweder direkt die Schläge des Herzens oder den Blutstoß in einer Arterie zählen können. Am besten fühlen Sie die Herzschläge direkt an der Brust, indem Sie Ihre Hand oder einzelne Finger auf den Brustkorb halten und so lange fester drücken, bis Sie die Schläge deutlich fühlen können. Den Puls ertasten Sie am besten mit ein oder zwei Finger an einer Oberschenkelarterie, die Sie an der Oberschenkelinnenseite finden. Beide Werte beziehen sich immer auf eine Messung über 60 Sekunden. Je länger Sie mitzählen, desto genauer ist Ihr Wert. Für gewöhnlich zählen Sie den Herzschlag oder Puls über einen Zeitraum von 15 Sekunden und multiplizieren den Wert dann entsprechend mit vier, um auf 60 Sekunden zu kommen. Normale Ruhewerte für Sennenhunde liegen bei etwa 80 bis 100 Schlägen für die großen und 100 bis 140 Schlägen für die kleineren Rassen. Sollten die von Ihnen gemessenen Werte deutlich abweichen, wiederholen Sie die Messung und vergewissern sich, dass Ihr Sennenhund sich wirklich in einem Ruhezustand befindet. Ein erhöhter Pulsschlag ist normal bei Aufregung oder auch nach körperlicher Anstrengung. Bei zu niedri-gem Puls sollten Sie lieber zu einem Tierarzt gehen und Ihren Hund genauer untersuchen lassen.

Die Atemfrequenz Ihres Schweizer Sennenhundes können Sie sehr einfach an den Bewegungen des Brustkorbs erkennen. Immer wenn Ihr Hund einatmet wird der Brustkorp größer und verkleinert sich beim Ausatmen. Die Atemfrequenz liegt bei Sennenhunden bei etwa 20 Atemzügen und wird wieder auf 60 Sekunden gerechnet, wobei Sie aufgrund der geringen Anzahl der Atemzüge besser eine ganze Minute mitzählen sollten. Auch hier ist die Ruhefrequenz zu bestimmen. Liegt der ermittelte Wert über den Angaben, schließen Sie bitte wieder eine Erregung oder vorherige Anstrengung des Hundes aus, ebenso kann nach einer Ruhephase die Atmung etwas langsamer sein. Stellen Sie sicher, dass Ihr Hund frei atmet und keine Verengung der Luftröhre oder Bronchien ihm zu schaffen macht. Sollte sich eine Abweichung nicht geben, suchen Sie den Tierarzt auf.

Die Durchblutung

Das dichte Fell der Sennenhunde macht es unmöglich, äußerlich einen Eindruck von der Durchblutung zu bekommen. Einzig ein Blick auf das Zahnfleisch hilft uns hier weiter. Es muss rosig sein und sich nach einem leichten Druck mit dem Finger schnell wieder färben. Sollte die Druckstelle länger als zwei Sekunden weißlich bleiben oder gar das gesamte Zahnfleisch von vornherein blass bis gelblich wirken, ist dies ein sicheres Zeichen für eine Anämie (Blutarmut), die auf den unterschiedlichsten Ursachen basieren kann, allerdings handelt es sich hier auch schon um ein sehr ernstes Zeichen und es ist mehr als wahrscheinlich, dass Ihr Sennenhund schon früher erste Anzeichen einer Erkrankung zeigt. Ein Tierarztbesuch ist nun unbedingt erforderlich.

Das Fell

Das Fell Ihres Sennenhundes muss glänzen und darf nicht stumpf, struppig oder filzig wirken. Ein gewisser Haarverlust ist normal, sollte aber keinesfalls zu kahlen oder sehr lichten Stellen führen. Ursache sind in aller Regel Stoffwechselprobleme mit oftmals ernstem Hintergrund.

Die Augen

Die Augen Ihres Sennenhundes müssen klar sein und dürfen keine Anzeichen einer Trübung zeigen. Ein ständiger Tränenfluss ist ein Anzeichen für eine Verletzung oder Reizung des Auges. Eine etwas stärkere Verkrustung um die Augen ist kurz nach dem Schlafen normal, darf aber nicht ständig auftreten. Ständiges Kratzen an den Augen ist das erste Anzeichen einer Störung. Auch wenn Hundeaugen auf den

ersten Blick das Weiße im Auge verbergen, achten Sie darauf, dass der Augapfel keine Rötung und geplatzte Äderchen zeigt. Solche Veränderungen zeigen Ihnen Augenprobleme an.

Die letztendliche Diagnose und Behandlung ist auf jeden Fall Sache des Tierarztes.

Die Ohren

Zu Problemen an den Ohren und vor allem in den Gehörgängen neigen vor allem Hunde mit einer dichten Behaarung des Ohrs und hängenden Ohren, wie sie die Berner Sennenhunde besitzen. Hier ist die Durchlüftung nur schwach und es bildet sich schnell ein feuchtes, warmes Mikroklima, in dem sich Bakterien und vor allem Milben wohl fühlen. Sie sollten aber die Behaarung des Ohrs am Eingang des Gehörgangs nicht auszupfen oder schneiden, um der Besiedlung durch Mikroorganismen zuvorzukommen, denn die Haare sitzen beim Berner recht fest und geschnittene Haare fallen leicht in den Gehörgang und verursachen dort weitere Probleme. Anzeichen für Probleme an den Ohren sind ein ständig starker Juckreiz und eine auffällig starke Produktion von Ohrenschmalz. Ein Besuch beim Tierarzt kann in den meisten Fällen schnell Abhilfe leisten und Ihren Hund vom lästigen Juckreiz befreien.

Leider leiden Entlebucher häufig an Augenerkrankungen, die auch zur Erblindung führen können. Eine regelmäßige Untersuchung durch den Tierarzt ist Ihnen unbedingt anzuraten.
Foto: Fam. Hasselmann

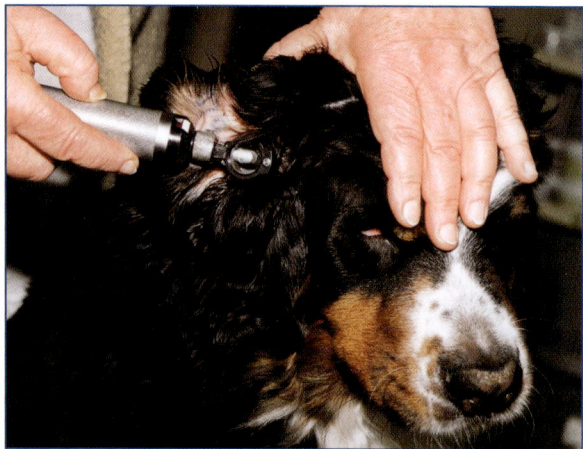

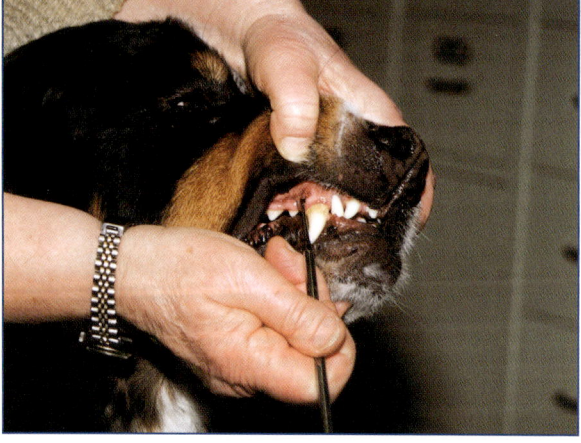

zwölf Schneidezähne (Incisivus), vier Fangzähne (Caninus), sechzehn vordere (Prämolaren) und zehn hintere (Molaren) Backenzähne in Ober- und Unterkiefer. Zur Zucht toleriert wird maximal das Fehlen von einem vorderen oder einem hinteren Backenzahn, sämtliche anderen Zähne müssen komplett vorhanden sein. Das Hauptproblem der Mundhygiene bei vielen Hunden ist Zahnstein, der zu Zahnfleischentzündungen, Zahnfleischschwund und schmerzhaften Geschwüren führen kann.

Die Verdauung und Nahrungsaufnahme

Kontrollieren Sie den Stuhl Ihres Sennenhundes auf Veränderungen. Normal ist der Stuhl nicht zu fest, keinesfalls flüssig, nicht zu stark riechend und von meist dunklerer Farbe. Sollte der Stuhl Ihres Sennenhunds in seiner Konsistenz sehr variieren, über längere Zeit besonders flüssig, fest oder übel riechend sein, vielleicht sogar ausbleiben, liegen Verdauungsstörungen vor, die bestenfalls auf eine kürzlich erfolgte Futterumstellung zurückzuführen sind, meist aber die sichtbare Folge einer Darminfektion oder gar Darmverschlingung darstellen. Ebenso kann ein verändertes Fress- und Trink-

Die Zähne

Das Milchgebiss eines Schweizer Sennenhundes besteht aus 28 Zähnen. Dabei weisen Ober- und Unterkiefer jeweils sechs Schneidezähne, zwei Fangzähne und sechs vordere Backenzähne auf, die alle dem späteren Gebiss weichen.
Das permante Gebiss besteht aus insgesamt 42 Zähnen. Insgesamt sind dabei

verhalten auf Stoffwechsel- oder Darmprobleme hinweisen, wenn Ihr Hund beispielsweise deutlich mehr oder weniger trinkt oder auch mehr oder weniger frisst als gewöhnlich. Auch deutet eine schnelle Gewichtszu- oder -abnahme auf ernste Gesundheitsprobleme hin. Gehen Sie unbedingt zu einem Tierarzt, der eine genaue Diagnose stellen kann.

Der Bewegungsapparat

Achten Sie sehr genau auf die Bewegungen Ihres Sennenhunds. Nicht erst ein Humpeln oder Lahmen zeigt Ihnen Probleme an den Gelenken an. Viel früher

schon können Sie bemerken, dass Ihr Hund bestimmte Bewegungen vermeidet, weil sie ihm weh tun. Oftmals können hier Gelenkentzündungen unterschiedlichster Natur vorliegen. Gerade Hüftprobleme sind ein Leiden der Sennenhunde. Nur eine Röntgenuntersuchung kann Ihnen hier die letzte Gewissheit geben. Wenden Sie sich bitte an Ihren Tierarzt.

Beobachten Sie das Verhalten Ihres Hundes

Wenn Sie Ihren Sennenhund einige Zeit besitzen, kennen Sie ihn und bemerken Veränderungen in seinem Verhalten sehr

Ihr gesunder Berner Sennenhund ist frei von Schmerzen und bewegt sich völlig ungehemmt. Jede Änderung seines Verhaltens muss Sie alarmieren und nach den Gründen fragen lassen.
Foto: I. Francais

schnell. Solche Veränderungen können auf den Lauf der Zeit und sein Älterwerden zurückgeführt werden, wenn er sich beispielsweise mit zunehmenden Alter weniger bewegen will oder etwas dicker wird. Kurzfristige Verhaltens- und Wesensänderungen deuten jedoch auf eine innere Ursache hin, eine Krankheit. Auch unseren Mitmenschen merken wir ein Unwohlsein meist schnell am veränderten Verhalten an, ohne sie länger untersuchen zu müssen. Sobald Sie den Verdacht haben, mit Ihrem Sennenhund könnte etwas nicht stimmen, suchen Sie nach weiteren Krankheitssymptomen und gehen Sie im Zweifelsfall zum Tierarzt.

Denken Sie dran!

Trotz allen Wissens, das Sie sich im Lauf der Jahre angeeignet haben, die endgültige Krankheitsdiagnose kann nur ein ausgebildeter Tierarzt stellen. Kaufen Sie keine Mittel nach eigenem Ermessen und brechen Sie verschriebene Behandlungen nicht ab, weil Sie keinen Sinn darin sehen. Vertrauen Sie Ihrem Tierarzt!

Es gibt noch viele weitere Faktoren, die auf eine Erkrankung hindeuten. Wichtig für Sie und Ihren Hund ist, dass Sie sein normales Verhalten kennen und Veränderungen zu deuten wissen. Im Folgenden werden die Krankheiten ausführlicher beschrieben, die im allgemeinen bei Schweizer Sennenhunden häufiger auftreten, oder zumin-

dest in einigen Zuchtlinien Probleme bereiten. Alle hier aufgeführten Erkrankungen sind nicht auf Parasiten, Bakterien oder Viren zurückzuführen, über die im Kapitel „Infektionen und Parasitosen" berichtet wird, sondern stellen organische Veränderungen dar, für die bei der Rasse eine genetische Disposition vorliegt, oder die bei Schweizer Sennenhunden allgemein gehäuft auftreten. Die letztliche Diagnose darf in jedem Fall nur der Tierarzt stellen, der Ihrem Hund dann auch die geeigneten Medikamente verschreibt. Sehen Sie dieses Kapitel also zur Vordiagnose, nicht als Ersatz für den Tierarztbesuch.

Hüftgelenksdysplasie (HD)

Die Hüftgelenksdysplasie ist eine Fehlentwicklung der Hüftgelenke, sie wird gebräuchlicher Weise kurz HD abgekürzt. Unter den Dysplasien ist sie die häufigste Form, gefolgt von der Ellbogendysplasie. Besonders betroffen von den Folgen der HD sind die großen Rassen, der Große Schweizer und der Berner Sennenhund, aber auch Entlebucher und Appenzeller können durch die HD Probleme bekommen.

Bei der HD entwickeln sich Hüftpfanne und Oberschenkelkugel nicht passend zueinander. Sie umschließen sich nicht und haben Spiel, was zu einer verstärkten Reibung und somit Abnutzung im Gelenk führt. Gerade bei einer beginnenden Arthrose führt dies zu starken Schmerzen. Dabei sind die Fehlstellungen unterschiedlicher Natur, entweder ist die Pfanne zu flach, die Kugel zu klein oder nicht rund. Je nach Stärke der HD wird diese in Deutschland in fünf verschiedene Stufen eingeteilt. Dabei bedeutet HD A frei von HD, HD B ist HD verdächtig und geht weiter bis HD E für schwere HD. Diese Bezeichnung ist leider noch nicht international einheitlich. Beachten Sie unbedingt die regionalen Unterschiede.

Dysplasien allgemein sind Entwicklungs- beziehungsweise Wachstumsstörungen. Auch wenn die HD eindeutig genetisch fixiert ist und somit vererbt wird, kann ihrer Entwicklung entgegengewirkt wer- den. In der Zucht bedeutet dies, möglichst nur mit HD freien Sennenhunden zu züch- ten, in der Hundeaufzucht bedeutet es, verstärkt auf die Ernährung und die Bean- spruchung der heranwachsenden Sen- nenhunde zu achten.

Die HD zeigt sich durch Bewegungsver- meidung, -unlust und Lahmheiten der Hin- terbeine. Zunächst natürlich nur minimal, doch können Sie mitunter Beeinträchti- gungen schon im fünften bis sechsten Lebensmonat feststellen. Eine genaue Untersuchung durch Röntgen ist erst beim ausgewachsenen Sennenhund mit zwölf bis achtzehn Monaten sinnvoll. Meist zei- gen sich die Symptome der HD erst in einem Alter von zwei Jahren, einem Zeit- punkt, wo jede Beeinflussung der Ent- wicklung zu spät kommt und nur noch die Symptome behandelt werden können. Deshalb ist es besonders wichtig, von Anfang an eine gesunde Welpenkost zu verfüttern. Meiden Sie unbedingt Futter mit einem hohen Protein- und Kalorien- gehalt. Solche Hochleistungsnahrung führt zu einem unnatürlich schnellen Wachstum, das Wachstumsdefiziten gera- de bei den großen Rassen die Türen öffnet. Experimente mit verschiedenen Fettsäu- ren zeigen sehr positive Effekte auf die Entwicklung einer HD, fragen Sie Ihren Tier- arzt nach den derzeit aktuellen Mitteln. Entwickelt sich bei Ihrem ausgewachsenen Sennenhund trotz aller Vorsorge eine schwerere HD, so ist dies dennoch kein Grund zur Besorgnis. Das endgültige Krankheitsbild ist sehr vielseitig und die Schwere der Erkrankung hängt nicht zwin- gend mit dem Grad der HD zusammen. Es gibt Sennenhunde mit leichten HD Graden, bei denen eine Operation die einzige Mög- lichkeit darstellt, das Leiden zu lindern und es gibt Sennenhunde mit schweren HD Graden, bei denen jede Symptomatik fehlt. Hier zeigt sich, dass die eigentlichen Fol- geschäden und nicht der HD Grad an sich zu den Problemen führt. Natürlich prä- destiniert eine hochgradige HD zu einem stärkeren und schnelleren Gelenkver- schleiß, aber ein sorgfältiger Umgang mit der Erkrankung kann dem entgegenwir- ken. Neben der Umstellung der Ernährung und einem absoluten Vermeiden von Über- gewicht schon beim heranwachsenden Sennenhund, achten Sie unbedingt dar- auf, was Sie Ihrem Hund an Aktivitäten zutrauen dürfen. Im Alter bis zu zwölf Monaten müssen Sie jede Art von Gewalt- märschen oder belastenden sportlichen Aktivitäten unterbinden.

Leidet Ihr Sennenhund unter den Folgen der HD, so gibt es verschiedene medizinische Möglichkeiten der Behandlung, von einer medikamentösen Schmerzbehandlung bis zu einem chirurgischen Eingriff. Die jeweils sinnvollste Maßnahme entscheiden Sie zusammen mit Ihrem Tierarzt.

Ellbogendysplasie (ED)

Die Ellbogendysplasie, kurz ED genannt, ist eine genetisch fixierte Entwicklungs- störung des Ellbogengelenks. Das Ergeb- nis ist ein instabiles Ellbogengelenk, ge- schädigt durch eine degenerierte Elle. Es kommt zu einem stufenartigen Gelenk, da Elle und Speiche nicht die gleiche Länge

Die Ellbogenge-
lenksdysplasie
ist ein Problem
der grossen Ras-
sen. Genau wie
das Hüftgelenk
kann auch das
Ellbogengelenk
in seiner Ent-
wicklung gestört
sein und zu Pro-
blemen führen.

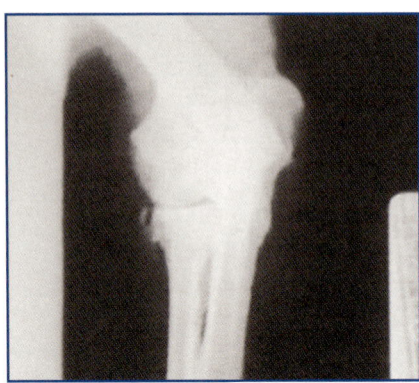

mit Ihrem Tierarzt herausfinden, denn jeder Hund spricht unterschiedlich auf die Mittel an und jede ED ist genau wie jede HD von Fall zu Fall sehr unterschiedlich in ihrer letztlichen Auswirkug.
Für die ED Vorsorge gilt das Gleiche wie für die HD. Eine gesunde Welpenkost mit einem Proteinanteil unter 25 % ist genau-so wichtig, wie eine nur mäßige Bean-spruchung der Gelenke, wobei Gewalt- und Dauermärsche auf jeden Fall vermie-den werden müssen.

Osteochondrose (OCD)

Bei der Osteochondrose handelt es sich um eine Knorpel-Erkrankung, bei der sich der Knorpel an den Gelenken nicht richtig mit dem Knochen verbindet. Es sind eher die großen Rassen betroffen, doch können auch Appenzeller und Entlebucher daran erkranken.
Dabei lösen sich Knorpelzellen, die sich im Gelenk vergrößern und so zu schmerzhaf-ten Problemen durch Entzündungen bei jeder Bewegung sorgen. Die Osteochon-drose trifft junge Sennenhunde, bei denen die Skelettentwicklung noch nicht abge-schlossen ist und somit dieses fehlerhaf-te Wachstum noch möglich ist.
Die Ursachen der Osteochondrose sind unterschiedlich und reichen von Verlet-zungen bis zu genetisch fixierten Vorschä-digungen und Ernährungsdefiziten. Die labilen Knorpelbereiche sind besonders anfällig für Verletzungen und Sie sollten Ihren Hund, wenn er diese Krankheit hat, nicht zu wild herumtoben lassen.
Erste Symptome können schon in einem Alter von nur sieben Monaten auftreten. Die Welpen beginnen plötzlich zu lah-men und bewegen sich aufgrund der Schmerzen gehemmt. Typischerweise

besitzen. Betroffen sind vor allem der Große Schweizer und der Berner Sennen-hund. Erste Anzeichen sind eine plötzliche Lahmheit und Bewegungsvermeidung der Vorderbeine, die sich durch vermehrte Be-lastung verschlimmert. Diese Anzeichen können sich bei betroffenen Welpen schon im Alter von nur sechs Monaten oder gar früher zeigen. Eine eindeutige Diagnose kann erst nach abgeschlossenem Wachs-tum im Alter von etwa zwölf bis achtzehn Monaten erfolgen. Sollte eine Osteochon-drose, Knorpelabsplitterung, festgestellt werden, so ist ein operativer Eingriff vor dem Eintreten körperlicher Beeinträchti-gung sinnvoll. Gerade bei einem Absplit-tern vorstehender Knochenteile der Elle ist eine Operation unumgänglich, um die störenden Splitter zu entfernen. Letztlich muss abgewogen werden, welche Behand-lung dem Hund am besten hilft. Neben verschiedenen neueren Behandlungsme-thoden werden die betroffenen Gelenke vieler Hunde immer noch ruhig gestellt oder die Schmerzen und Entzündungen mit Tabletten behandelt. Welche Behand-lungsweise für Ihren Sennenhund die beste ist, können Sie letztendlich nur zusammen

Der Große Schweizer Sennenhund neigt leider zur Epilepsie, die sich bei richtiger Diagnose gut behandeln lässt. Dabei kann die Einstellung der Medikamente schwierig sein und Sie müssen vertrauensvoll mit Ihrem Tierarzt zusammenarbeiten.
Foto: Fam. Anker

werden das Ellbogen-, Schulter-, Knie- und Sprunggelenk befallen, eine Erkrankung der Hinterläufe heilt oftmals spontan von selbst aus.

Die Behandlung ist möglich, die Art und Weise wird jedoch kontrovers diskutiert. Klassisch ist das Stilllegen der entzündeten Gelenke und die Gabe von schmerzstillenden Mitteln, was auf Dauer die Entzündung beseitigt, jedoch das eigentliche Problem der fehlgewachsenen Knorpel nicht beseitigt. Im Frühstadium der Erkrankung ist eine Operation vielversprechend und die Hunde leben hernach beschwerdefrei. Die Antwort, welche Behandlung die bessere ist, kann nicht allgemein gegeben werden, da verschiedene Hunde unterschiedlich gut auf die jeweilige Maßnahme reagieren. So profitieren die einen von einer medikamentösen Behandlung, während anderen nur durch eine Operation geholfen werden kann.

Die eindeutige Diagnose kann bei der Osteochondrose nur durch eine Röntgenaufnahme gestellt werden. Sollte sich bei Ihrem Sennenhund der Verdacht bestätigen, empfiehlt sich eine Aufnahme aller gefährdeten Gelenke, um so präventiv aktiv werden zu können.

Epilepsie

Epilepsien sind Störungen des zentralen Nervensystems. Sie können durch verschiedenste Ursachen ausgelöst werden, so zum Beispiel durch organische Schäden, Schäden am Gehirn oder auch Stoffwechselkrankheiten und Vergiftungen. An angeborener Epilepsie leiden vor allem große Schweizer Sennenhunde.

Das Krankheitsbild ähnelt dem bei Menschen, wobei die Anfälle bei den Großen Schweizer Sennenhunden teils sehr schwer verlaufen und manchmal auch so schwach, dass sie vom Halter nicht bemerkt werden.

Allerdings gibt es auch Fälle, in denen der einzelne Anfall vielleicht nicht sehr intensiv ist, dafür aber mehrere Anfälle pro Tag durchlebt werden müssen. Die Behandlung richtet sich hierbei sehr nach der Ursache, die es unbedingt zu ergründen gilt. Oftmals ist jedoch kein direkter Schaden des Gehirns oder durch einen Stoffwechselfehler feststellbar und so lautet die Diagnose idiopathische, also angeborene Epilepsie. Besorgniserregend ist sicher jeder Anfall, ein größeres Leiden ist jedoch erst dann anzunehmen, wenn die Anfälle regelmäßig und in stärkerer Form auftreten.

Der Verlauf eines Anfalls kann dabei grob in drei Phasen unterteilt werden:

In der ersten Phase, dem nahenden Anfall, zeigt sich Ihr Sennenhund unruhig, ängstlich und zeigt ein allgemein verändertes, auffälliges Verhalten. Die Dauer dieser Phase ist von Hund zu Hund und Anfall zu Anfall sehr unterschiedlich und lässt sich nicht generell einschränken. Manchmal findet sich vor einem Anfall auch kein sichtbares Anzeichen für das Nahen.

Nun folgt der eigentliche Anfall, der von seiner Dauer und Intensität sehr unterschiedlich ausfallen kann. Manchmal bemerken Sie vielleicht kaum etwas, Ihr Sennenhund bleibt nur kurz verkrampft stehen oder zittert leicht. In anderen Fällen kann der Anfall aber auch wesentlich vehementer ablaufen. Schlimmstenfalls dauert ein Anfall einige Minuten und ist begleitet von schweren Krämpfen in den Gliedmaßen, dem Maul und dem gesamten übrigen Körper. Es kann zu Bewusstseinsverlusten kommen, die nur kurz, in Etappen oder den gesamten Anfall hindurch anhalten. Es folgen hierauf mitunter starke Bewegungen der Extremitäten, Ihr Sennenhund verliert die Kontrolle über seinen Darm und

seine Blase, er sabbert stark und beruhigt sich nur langsam wieder.

Nun schließt sich die letzte Phase an, auch als Post-Iktus bezeichnet. Es ist die Erholungsphase nach dem Anfall, deren Länge und Intensität sich von nur einigen Sekunden über Minuten und Stunden bis zu einigen Tagen ausdehnen kann.

Die Behandlung der Epilepsie erfolgt medikamentös und erfordert sowohl ein gutes Zusammenspiel mit Ihrem Tierarzt, als auch eine gewisse Ausdauer. Genauso vielfältig wie die Ursachen für die Epilepsie sein können, so unterschiedlich sind auch die Behandlungsmöglichkeiten und nicht jeder Sennenhund spricht auf die gleiche Behandlung mit dem gleichen Erfolg an. Gerade die richtige Dosierung des geeigneten Medikaments ist oft nur durch Versuch und Fehlversuch möglich. Ist jedoch das richtige Präparat in richtiger Dosierung gefunden, so besteht auch in schwereren Fällen die Aussicht auf ein anfallfreies Leben.

Progressive Retinaatrophie (PRA)

Die angeborene oder erbliche Netzhautatrophie ist ein sich ausbreitendes Problem bei Entlebucher Sennenhunden, das immer mit der völligen Erblindung durch Veränderungen in der Netzhaut endet. Die PRA kann histologisch in zwei Formen, die generalisierte PRA und die zentrale PRA, eingeteilt werden, was aber weder auf den Krankheitsverlauf noch auf die Heilungschancen eine Auswirkung hat. In Deutschland ist weitestgehend nur die generalisierte Form bekannt. Die Ursachen hingegen sind unterschiedlich und können auf Rückbildungen (Degenerationen) und Entwicklungsstörungen (Dysplasien) der Stäb-

chen und Zäpfen in der Retina zurückgeführt werden.

Die Krankheit kann sich über viele Jahre manifestieren, aber auch innerhalb nur weniger Wochen zur vollständigen Erblindung führen. Typischerweise bemerken Sie als Halter zunächst nichts vom Anfang der Retinadegeneration, denn Ihr Sennenhund ist sehr gut in der Lage, den allmählichen Sehverlust durch seine anderen Sinne wie Geruch und Gehör auszugleichen. So werden Sie seinen Sehverlust zunächst verstärkt in fremder, ungewohnter Umgebung und bei einsetzender Dämmerung und nachts bemerken. Die Augen zeigen anfangs keine Auffälligkeiten, die Pupillen sind nur minimal vergrößert. Mit fort-

schreitender Netzhautdegeneration wird Ihr Sennenhund nun auch tagsüber unsicherer und Veränderungen an der Pupille werden sichtbar. Sie ist unnatürlich geweitet und Reaktionen auf Lichtreize bleiben zunehmend aus. In der letzten Phase der Erblindung kann es zu einer sekundären Katarakt (Grauer Star) kommen, die fälschlich für die Erblindung verantwortlich gemacht werden könnte. Nur liegt die Ursache für das geschwundene Sehvermögen nicht in dieser Linsentrübung, sondern tiefer, in einer geschädigten Netzhaut.

Die PRA führt immer zu einer vollständigen Erblindung und kann bei früher Diagnose durch eine Vitamin A/B-Komplex-

Behandlung höchstens verzögert, aber nie gestoppt oder gar geheilt werden. Die Früherkennung ist jedoch schwierig, da sich das eigentliche Krankheitsbild erst sehr spät zeigt. Sie können nur durch regelmäßige Vorsorgeuntersuchungen die Anfangsstadien der Krankheit diagnostizieren. Der Tierarzt, oft ist ein Augenspezialist mit den geeigneten Apparaten nötig, wird eine Elektroretinographie erstellen, bei der sich selbst kleinste Anzeichen der Erkrankung offenbaren. Der Eingriff kann schmerzfrei ohne Betäubung ambulant durchgeführt werden.

Grauer Star (Katarakt)

Unter dem Begriff „Grauer Star" werden alle Erkrankungen zusammengefasst, die in ihrer letztlichen Symptomatik eine rauchige oder milchige Trübung der Augenlinse in unterschiedlich starkem Ausmaß zeigen. Unter den Sennenhunden ist dieses Krankheitsbild vor allem beim Entlebucher Sennenhund in der sekundären Form als Begleiterkrankung der PRA bekannt, sollte bei guter Zuchtauswahl aber in den Griff zu bekommen sein.

Die angeborene Katarakt muss nicht immer auf eine genetische Ursache zurückgeführt werden, sie kann auch Folge frühembryonaler Schädigungen der Linse sein. Der Krankheitsverlauf ist bei verschiedenen Hunden sehr unterschiedlich und kann sich gleich nach der Geburt und dem Öffnen der Augen oder erst nach einem Zeitraum von Monaten oder Jahren zeigen. Beim Entlebucher zeigt sich das Krankheitsbild typischerweise im Alter von drei bis vier Jahren mit einem leider schnell fortschreitenden Krankheitsverlauf. Mal tritt die Trübung der Linse in beiden Augen gleichstark auf, mal ist der Fortschritt der Krankheit sehr unterschiedlich.

Als Begleiterscheinung erblicher Retinaerkrankungen (PRA) kann die Cataracta consecutiva auftreten, was eine ebenfalls erbliche Grundlage vermuten lässt, die bis heute aber noch nicht eindeutig nachgewiesen wurde.

Der Graue Star, egal welcher Form, führt immer zu einer Veränderung des Linsengewebes. Es trocknet aus oder trübende Produkte werden eingelagert. Obwohl der Graue Star meist nicht zu einer völligen Erblindung führt, ist die Beeinträchtigung des Sehvermögens gerade im fortgeschrittenen Stadium und bei beidseitigem Befall sehr stark.

Die Diagnose ist relativ einfach zu stellen, denn die Symptomatik der Linsentrübung ist auch ohne großen Apparateeinsatz leicht feststellbar.

Die Behandlungsmöglichkeiten beim Grauen Star beschränken sich leider auf operative Eingriffe, denn die getrübte Linse kann medikamentös nicht wieder hergestellt werden. Umso wichtiger ist es abzuwägen, wann eine Staropration überhaupt Sinn macht. Zunächst sollte sicher sein, dass die Retina des geschädigten Auges voll funktionsfähig ist. Ansonsten wäre jede Staroperation sinnlos. Besonders Entlebucher leiden oftmals unter einer PRA. Ein einseitiger Grauer Star muss nicht operiert werden, Ihr Hund ist bestens in der Lage, auf die volle Sehkraft des einen Auges zu verzichten. Sind beide Augen stark geschädigt und ist Ihr Entlebucher noch nicht sehr alt, sollten Sie sich zu einer Operation zumindest eines Auges entschließen. Hierbei können mittlerweile auch künstliche Linsen in das Auge eingesetzt werden, die Ihrem Sennenhund beinahe zu alter Sehleistung verhelfen. Bei älteren

So gesund
wünscht man
sich seinen
Sennenhund!
Foto: I. Francais

Hunden, die schon einen eingeschränkteren Bewegungsdrang und Aktionsradius besitzen, kann die Beeinträchtigung des Augenlichts gut durch die anderen Sinnesleistungen ersetzt werden. Hier sollten Sie die Belastungen des älteren Entlebuchers durch eine Operation und den damit verbundenen Risiken stärker einschätzen, als den Vorteil des verbesserten Sehvermögens.

Schilddrüsenunterfunktion

Die Unterfunktion (Hypothyreose) ist die häufigste Erkrankung der nur zwei bis drei Zentimeter großen Schilddrüse und die häufigste Drüsenerkrankung bei Sennenhunden allgemein. Dies soll nicht heißen, dass Sennenhunde häufig an Schilddrüsenerkrankungen leiden, sie stellt nur insgesamt bei Hunden ein häufiges Leiden dar und soll deshalb auch hier nicht unerwähnt bleiben. Die Schilddrüsenunterfunktion kann angeboren oder erworben sein. Typischerweise tritt sie erst ab einem Alter von zwölf Monaten auf und resultiert in einer Unterproduktion der Schilddrüsenhormone, vor

allem des Stoffwechselhormons Thyroxin. Je nachdem in welchem Lebensabschnitt die Unterfunktion auftritt, sind die Symptome und Folgen für Ihren Sennenhund sehr unterschiedlich.

Welpen mit angeborener Schilddrüsenunterfunktion sind oft nicht lebensfähig, werden tot oder mit einem Kropf geboren und sterben meist kurz nach der Geburt. Tritt die Unterfunktion in der Wachstumsphase Ihres Sennenhundes auf, so zeigt sich ein auffällig verlangsamtes Wachstum, bei dem oftmals die Körperproportionen nicht mehr stimmen. Am auffälligsten ist hierbei die Verkürzung der Extremitäten und der Wirbelsäule. Eine Hypothyreose beim erwachsenen Sennenhund zeigt sich an vielfältigen Symptomen, die in unterschiedlichen Konstellationen auftreten können. Da zu wenig des Stoffwechselhormons gebildet wird, ist dieser verlangsamt und auch Ihr Hund wirkt unlustig und träge. Oft fallen den betroffenen Sennenhunden die Haare büschelweise, manchmal symmetrisch zunächst auf dem Nasenrücken und an der Kruppe aus. Die Hunde beginnen bei gleicher Ernährung zuzunehmen, da sich Wasser im Gewebe einlagert.

Bei den genannten Symptomen sollten Sie schnell einen Test beim Tierarzt machen lassen, denn eine Behandlung ist einfach durch das Zufüttern des fehlenden Hormons in ausreichender Menge möglich. So können Sie sowohl Wachstumsstörungen entgegenwirken, als auch Ihrem Sennenhund ein völlig normales Leben ermöglichen.

Narkolepsie

Die Narkolepsie ist ein genetisch fixiertes Problem und zeigt in ihrer Symptomatik spontan auftretende Schlafanfälle. Eine

Denken Sie dran!

Jeder Hund kann erkranken. Die Behandlungen können im Zweifelsfall teuer und langwierig werden. Sie erfordern nicht nur Opfer von Ihrem Hund, sondern auch von Ihnen. Bevor Sie sich einen Hund anschaffen, sollten Sie sich diese Seite der Hundehaltung bewusst machen und bereit sein, die Verantwortung zu übernehmen.

besondere Häufung der Schlafanfälle lässt sich nach den Mahlzeiten und bei besonderer Aufregung feststellen. Erste Symptome zeigen junge Sennenhunde schon im Alter von 20 Wochen. Es besteht die Möglichkeit einer medikamentösen Behandlung, die im Einzelfall gut anschlägt. Es darf jedoch nicht vergessen werden, dass genetisch belastete Hunde von der Zucht ausgeschlossen werden müssen, um einer Verbreitung vorzubeugen.

Magendrehung, Aufgeblähtheit

Eine Magendrehung ist keine seltene und zudem eine sehr gefährliche Erkrankung. Sie kann prinzipiell jeden Sennenhund treffen, doch sind die großen Rassen gefährdeter als die kleinen und es trifft eher ältere Sennenhunde ab sechs Jahren als jüngere. Die Symptomatik ist glücklicherweise recht spezifisch und Sie können eine Notfallsituation schnell selbst erkennen. Ihr Sennenhund zeigt zunächst vorsichtige Versuche, sich zu erbrechen, ohne dass dabei große Mengen Flüssigkeit und Nahrung wirklich erbrochen werden können. Zum schnellsten Handeln sind Sie spätestens gezwungen, wenn Sie einen unnatürlich aufgetriebenen Vorderbauch bei Ihrem Sennenhund beobachten, er unruhig ist und schnell und flach atmet. Es kann in der Folge zu Kreislaufversagen und Schock kommen. Schnellste ärztliche Hilfe ist notwendig, da besonders schwer erkrankte Hunde innerhalb einer Stunde durch den begleitenden Schock sterben können.

Das pathologische Krankheitsbild zeigt immer eine Magenüberdehnung durch Aufgeblähtheit, wobei der Magen selbst mehr oder weniger stark um die eigene Achse verdreht ist. Die Blähung hat ihre Ursache in einem unkontrollierten Luftschlucken des Hundes, und ist nicht die Folge von Verdauungsgasen, die nicht entweichen können. Strittig ist noch, in wieweit die Magendrehung tatsächlich mit der Futteraufnahme zusammenhängt, ob sie sich durch schnelles, unkontrolliertes Fressen

Je größer und länger der Hund, desto höher ist auch die Gefahr einer Magendrehung. Zur Vorsorge lassen Sie Ihren Hunden vor und nach den Mahlzeiten genügend Zeit, um sich erholen zu können. Diese Großen Schweizer Sennenhunde zeigen sich von ihrer besten Seite.
Foto: Familie Anker

und damit verbundenes Schlucken von Luft entwickelt, oder ob sie bereits vor der Aufgeblähtheit existierte und sich durch diese erst noch verschlimmert. Wie dem auch sei, die Folge kann schnell der Tod sein. Durch die Drehung des Magens verschließen sich nicht nur der Mageneingang und -ausgang, sondern auch die im Magen verlaufenden Blutgefäße. Zusätzlich wird die Milz abgeklemmt. Als Folge wird eine große Menge Blut in Magen und Milz eingeschlossen. Es kann zu Kreislaufversagen und schockähnlichen Zuständen kommen. Außerdem werden große Bereiche des Magens nun nicht mehr ausreichend durchblutet und sterben innerhalb kurzer Zeit ab.

Die Hilfe des Tierarzt besteht aus einer sofortigen Operation, in deren Verlauf zunächst die Luft durch Punktion abgelassen wird, anschließend wird der Magen „entdreht", die abgestorbenen Teile entfernt und vernäht. Zur Prophylaxe wird der Magen, in schweren Fällen oder wenn der Hund schon einmal eine Magendrehung hatte, mit wenigen Stichen an der rechten Bauchwand befestigt, um ein erneutes Verdrehen zu verhindern. Eine typische Folge selbst bei ansonsten glatt verlaufenden Operationen sind Herzrhythmusstörungen. Am besten lassen Sie Ihren Hund nach einer solchen Operation noch etwa drei bis vier Tage zur Beobachtung im Krankenhaus. Sollten weitere Komplikationen ausbleiben, sind die Chancen für Ihren Sennenhund sehr gut, die Fixation des Magens hält im besten Fall mehrere Jahre.

Prophylaktisch sollten Sie sich an die im Kapitel „Ernährung" gegebenen Futterregeln halten. Obwohl ein Zusammenhang zwischen den Fressgewohnheiten und der Magendrehung noch nicht eindeutig wissenschaftlich belegt wurde, so deutet doch vieles darauf hin, dass hastiges Fressen, Luft schlucken und große Portionen eine Magendrehung begünstigen. Lassen Sie Ihren Sennenhund auch nach dem Fressen erst einmal eine Stunde ruhen, bevor er wieder toben darf.

Schweizer Sennenhunde sind es gewohnt, bei jedem Wetter ihre Arbeit zu verrichten und wollen bei jedem Wetter ins Freie. Auch ein kranker Hund braucht die täglichen Spaziergänge, die seinem Gesundheitszustand angepasst sein müssen.
Foto: Fam. Anker

Im Freien besteht immer die Möglichkeit einer Infektion und auch der Befall durch Parasiten ist keine Seltenheit. Kontrollieren Sie Ihren Hund nach Zecken und Flöhen, um ihn schnell von den ungebetenen Gästen zu befreien.
Foto: J. Kieselbach

I m täglichen Hundeleben ist der Befall durch Parasiten eines der größten Gesundheitsrisiken. Die Schäden, die Parasiten wie Flöhe, Läuse oder Zecken als Ektoparasiten anrichten können, sind nicht zu unterschätzen. Zwar ist eine Zecke schnell entfernt oder auch ein Flohbefall schnell bekämpft, die Infektionskrankheiten, die diese Parasiten aber übertragen können oder denen sie durch ihre Verwundungen die Pforte öffnen, können zu ernsthaften Gesundheitsproblemen bei Ihrem Sennenhund führen. Der sicherste und kostengünstigste Schutz ist auch hier die Vorsorge und Vermeidung von Gefahrensituationen, mit der sich dieses Kapitel beschäftigt. Auf den folgenden Seiten wird auch geschildert, wie Sie Ihrem Hund im Fall einer Infektion oder Bevölkerung durch Parasiten wirksam helfen können.

Flöhe

Anzeichen für einen Befall mit Flöhen ist ein ungewohnt starker Juckreiz. Die Einstichstellen der Flöhe sind beim Hund meist nicht erkennbar, aber die Flöhe selbst sind einige Millimeter groß und können von Ihnen auch mit dem bloßen Auge entdeckt werden. Als weiteres typisches Merkmal sehen Sie den Kot der Flöhe – kleine, schwarze Kügelchen. Die Flöhe selbst halten sich bevorzugt an den wärmeren Körperstellen wie Schenkelinnenseiten, Ohren und Achseln auf. Der Flohbefall an sich ist für ihren Hund allenfalls lästig, jedoch bringen die Flohstiche einige sehr unangenehme Folgen mit sich. Manche Hunde reagieren alleine auf den Flohstich und den eingetragenen Speichel so allergisch, dass durch das ständige Kratzen offene Wunden entstehen, die Sekundärinfektionen verschiedenster Art die Tür öffnen. Möglicherweise wird der in der Umgebung der Wunde abgelegte Flohkot eingerieben. Erstes Ziel ist natürlich, die Flöhe selbst zu beseitigen. Eine Behandlung der Flohallergie in Form einer Desensibilisierung ist nicht möglich. Die Behandlung allergischer Hunde besteht zusätzlich zu den normalen Maßnahmen in einer Behandlung des auftretenden Juckreizes, meist durch kortisonhaltige Präparate. Der Floh selbst ist Überträger des Gurkenkernbandwurms.

Adulte Flöhe halten sich nur die kürzeste Zeit ihres Lebens wirklich auf einem Hund auf. Die Floheier, Larven und Puppen sind überhaupt nicht am Hund zu finden, sie

Denken Sie dran!

Flöhe können Ihren Hund zur Verzweiflung bringen. Es gibt aber wirksame Gegenmittel, die sowohl gegen die Flöhe, als auch gegen ihre Eier wirken. Sprechen Sie die Anwendung genau mit Ihrem Tierarzt ab, da die Mittel, falsch dosiert, auch schädlich sein können. Kaufen Sie kein Mittel, das Sie nicht kennen!

leben hauptsächlich an den bevorzugten Aufenthaltsorten des Hundes und ernähren sich dort von Flohkotresten und Hautschuppen. Nur adulte, weibliche Flöhe brauchen zur Entwicklung Blut. Dies ist wichtig zu wissen, wollen Sie die Parasiten auf Dauer vertreiben. Die Bekämpfung muss sich immer auf den Hund und

sein Umfeld beziehen. Leider ist der Floh im Notfall bei seinem Wirt nicht sehr wählerisch und kann auch den Menschen befallen.

Die Behandlungsmethoden sind inzwischen sehr effektiv und geeignete Mittel bei Ihrem Tierarzt erhältlich. Am gebräuchlichsten sind Shampoos und Sprays für den Hund und verschiedene Pulver für die Bekämpfung an den Lagerstätten und Aufenthaltsorten Ihres Hundes. Die Mittel unterscheiden sich in ihrer Wirkung, da am Hund adulte Flöhe und an den Lagerstätten auch die Eier, Larven und Puppen vernichtet werden müssen. Empfehlenswert ist es, die Hundedecke und andere infizierte Gegenstände auszutauschen oder zumindest bei 95° C in die Waschmaschine zu geben.

Mittel zur Prophylaxe eines Flohbefalls sind erhältlich und bei richtiger Anwendung durchaus empfehlenswert. Sie erhalten neben Flohhalsbändern, die ständig eine bestimmte Insektizidmenge abgeben, Sprays oder Shampoos. Die vor einiger Zeit noch gebräuchlichen Puder haben sich nicht bewährt und werden heute auch kaum noch angeboten. Beachten Sie für diese unterschiedlichen Präparate bitte unbedingt die Wirkungsdauer und Anwendung. Viele Mittel, gerade Halsbänder, verlieren bei Nässe schneller ihre Wirksamkeit, auch unterscheiden sich die Produkte stark in ihrer Wirkungsdauer. Das neueste Produkt auf dem Markt ist eine Anti-Floh-Tablette, die für eine Sterilität der saugenden Weibchen sorgt, diese selbst aber nicht tötet. Zusammen mit einer wirksamen Bekämpfung der Flöhe durch Bäder oder Sprays löst dieses einfach zu verabreichende Mittel das Flohproblem schnell und effektiv.

Mit ihren kräftigen Beißwerkzeugen, verbeißen sich Zecken so fest in der Haut eines Hundes, dass es mancher Tricks bedarf, um sie komplett zu entfernen. Machen Sie nicht den Fehler und versuchen Sie, die Zecke mit der Hand zu entfernen. Nehmen Sie eine geeignete Pinzette und drehen Sie die Zecke vorsichtig heraus.

Zecken sitzen in halbhohen Gräsern und Büschen und krabbeln von dort an den vorbeistreichenden Hund. Diese Quälgeister bohren sich mit ihrem ganzen Kopf in der Haut Ihres Hundes fest und saugen sich mit Blut voll. Wenn die Zecke „satt" ist, lässt sie sich mit ihrem jetzt vollen Bauch einfach wieder auf den Boden fallen.

Läuse und Haarlinge

Sowohl der starke Befall mit Haarlingen, als auch der mit Läusen ist meist ein Zeichen schlechter Fellpflege. Die Hunde kratzen sich verstärkt und es kann zu offenen Stellen kommen, die Sekundärinfektionen begünstigen. Anders als Flöhe kleben diese Parasiten ihre Eier, Nissen genannt, in das Fell des Hundes.

Die Behandlung erfolg analog zur Flohbekämpfung mit verschiedenen Sprays und Shampoos. Auch hier sollten Sie die Ruhe- und Aufenthaltsorte Ihres Hundes mit desinfizieren. Richten Sie sich bei der Behandlung nach den Herstellerangaben und dem Rat Ihres Tierarzts.

Prophylaktisch können Sie Ihren Hund mit verschiedenen Mitteln behandeln, Sprays, Shampoos oder Tabletten, auch die meisten Flohhalsbänder schützen gleichzeitig vor Läusen und Haarlingen.

Zecken

Die in unseren Breiten häufigste Zeckenart ist der Holzbock. Dieses Spinnentier sitzt bevorzugt an lichten Stellen des Waldes im Unterholz oder im hohen Gras. Mit seinem thermotaktilen Sinnesorganen nimmt der Holzbock seinen Wirt aufgrund seiner Körpertemperatur wahr. Neben dem Menschen sind dies auch Hunde. Hier bohrt sich die Larve, die Nymphe oder das erwachsene Weibchen in die Haut des Hundes ein und verankert sich mit dem gesamten Kopf im Wirtstier. Die Blutaufnahme kann sich ungestört über mehrere Tage erstrecken, bis das vollgesogene Tier von alleine wieder abfällt. Der Größenzuwachs der Zecke ist enorm. Von unscheinbaren wenigen Millimetern wächst sie auf Erbsen- bis Saubohnengröße heran. Bis auf gelegentliche allergische Reaktionen ist der eigentliche Zeckenbiss ungefährlich, wenn nicht zu viele Zecken gleichzeitig am Hund saugen. Gefährlich wird die Zecke erst, wenn sie Überträgerin anderer Krankheiten ist. Am gefährlichsten ist hier die Lyme-Borreliose, ausgelöst durch das Bakterium *Borrelia burdorferi*, die virusbedingte FSME (Frühsommerhirnhautentzündung) und die durch im Blut parasitierende Einzeller ausgelöste Babesiose, die allerdings eine aus dem südlichen Europa importierte und nur zur Urlaubszeit häufigere Erkrankung ist.

Durch Zecken übertragene Krankheiten können im günstigen Fall geheilt werden, wenn man sie früh erkennt.

Die Babesiose zeigt sich im Frühstadium nach etwa anderthalb bis drei Wochen durch Temperaturanstieg, Abgeschlagenheit und Gewichtsverlust. Da der Parasit verschiedene Organe befallen kann, sind die weiteren Symptome unterschiedlich, jedoch zeigen sich meist Symptome einer Gelbsucht und ein durch Blut dunkel gefärbter Urin. Die Diagnose kann der Tierarzt schnell stellen. Eine Behandlung ist erfolgversprechend, solange noch kein Organ dauerhaft geschädigt ist.

Die Lyme-Borreliose, an der auch der Mensch erkranken kann, zeigt bei Hunden den gleichen Krankheitsverlauf. Eine rote, knötchenartige Veränderung an der Bissstelle ist die Bestätigung, wenn Sie an Ihrem Hund schon die ersten Symptome feststellen: Fieber, Apathie und Appetitlosigkeit. Hinzu kommen allgemeine Muskel- und Gelenkschmerzen, der Hund ist träge, bewegt sich nicht gern und reagiert gereizt auf Berührungen, da diese schmerzen. Eine Behandlung mit Antibiotika ist erfolgversprechend. Da die Symptome

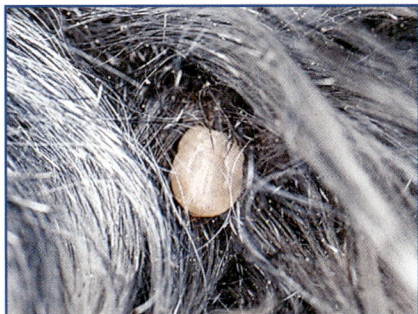

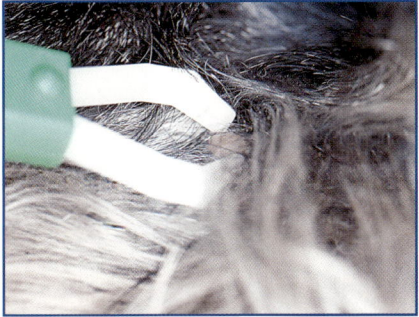

Die FSME ist bei Hunden noch recht unerforscht und wahrscheinlich eher selten, umso dramatischer ist der fast immer tödlich endende Verlauf. Neben einem Temperaturanstieg zeigen sich im Verlauf der Erkrankung immer schwerere neurologische Ausfälle. Die Hunde plagen Bewegungsstörungen, Orientierungslosigkeit, Krämpfe und krampfartige Anfälle. Eine Behandlung ist derzeit nicht möglich! Die betroffenen Hunde müssen zu gegebener Zeit meist eingeschläfert werden. Eine Impfung auf der Basis von Humanimpfstoffen ist zur Zeit in einer Testphase, was zumindest Mut macht, dass schon bald ein Impfstoff für Hunde erhältlich sein wird.

Da für die genannten Infektionen keine vorbeugenden Maßnahmen bekannt sind, muss die Prophylaxe die Zecken angreifen, und hierzu gibt es einige wirkungsvolle Mittel. Viele Antiflohmittel können auch zur Vorbeugung gegen Zeckenbefall eingesetzt werden, gerade kombinierte Zecken-Floh-Halsbänder werden immer sicherer. Trotzdem sollten Sie zu den gefährdeten Zeiten im Frühsommer bis Herbst lichte Wälder und Waldstellen meiden und Ihren Hund nach jedem Spaziergang gründlich nach Zecken, die vor Beginn des Blutsaugens sehr klein sind, absuchen. Die bevorzugten Stellen der Parasiten sind die Kopfregion bis zu den Achseln, an den Ohren und zwischen den Zehen. Finden Sie trotz aller Vorsichtsmaßnahmen eine Zecke, entfernen Sie diese vorsichtig mit einer Pinzette, am besten einer speziellen zur Zeckenentfernung. Greifen Sie die Zecke möglichst nahe am Kopf und drehen Sie sie langsam und ohne zu stark zu ziehen heraus. Dabei kontrollieren Sie unbedingt, dass Sie die Zecke vollständig mit Kopf entfernt haben. Sollte etwas in der Wunde zurückgeblieben

Entdecken Sie an Ihrem Hund eine Zecke, so ist es wichtig, dass Sie diese so schnell wie möglich entfernen. Am besten greifen Sie die Zecke mit einer speziellen Pinzette direkt hinter dem Kopf und ziehen sie heraus.
Hier schön zu sehen, dass die Zecke im Ganzen sauber entfernt werden konnte.
Fotos: bede-Verlag

nicht immer alle gleichzeitig auftreten, oder nur einige der Genannten, sollten Sie nach einem Zeckenbefall immer die Möglichkeit einer Borreliose in Betracht ziehen, sollte Ihr Hund vereinzelte Anzeichen für Lahmheit, etc. erkennen lassen.

Auch Ihr Berner Sennenhund kann das Opfer von Milben oder anderen Parasiten werden. Die Behandlung ist meist unkompliziert, wenn der Befall schnell erkannt wird. Foto: I. Francais

sein, kann es zu leichteren Entzündungen kommen, die meist schnell abheilen. Bedenken Sie: Je kürzer die Zecke in der Haut Ihres Hundes steckt, desto geringer ist die Wahrscheinlichkeit, dass Krankheitserreger übertragen werden!

Eine Impfung gegen bestimmte Borrelioseerreger ist für Hunde seit einiger Zeit auf dem Markt und bietet nach der Grundimunisierung, die aus zwei Spritzen im Abstand von drei Wochen besteht, bei jährlicher Auffrischung einen guten Schutz.

Räude

Hinter dem Überbegriff „Räude" verbergen sich verschiedene durch Milben ausgelöste Hautkrankheiten. Trotzdem die unterschiedlichen Milbenarten den Hund auf verschiedene Weise schädigen, ist die Symptomatik der Hautveränderungen stets die gleiche, denn die Hunde befällt immer ein starker Juckreiz. Die Ansteckungsgefahr ist unterschiedlich groß, die Heilung im allgemeinen einfach und unkompliziert.

Die Hunde-Räudemilben der Art *Sarcoptes canis* bohren Gänge in die Oberhaut der Hunde, der in den Gängen ausgeschiedene Kot löst den oftmals sehr starken Juckreiz aus. Der Befall beginnt meist an den Ohren und kann sich von dort über den gesamten Körper ausbreiten. Die Erkrankung ist äußerst ansteckend, befallene Hunde müssen bis zur vollständigen Heilung isoliert werden. Auch der Mensch kann von diesen Milben befallen werden, jedoch sterben sie auch unbehandelt nach kurzer Zeit ab, da der Mensch für sie nicht der richtige Wirt ist. Die Behandlung erfolgt nach Absprache mit dem Tierarzt durch Bäder und Fellbehandlungen.

Raubmilben der Art *Cheyletiella yasguri* leben auf der Haut der Hunde. Sie durch-

leben hier ihren gesamten Entwicklungszyklus und ernähren sich von abgestorbenen Hautschuppen. Auf der Hundehaut zeigen sich Hautveränderungen in Form von dunkleren Schuppen und Verkrustun-

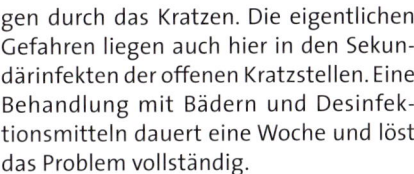

Denken Sie dran!

Kleine Ektoparasiten wie Milben, Zecken oder Flöhe können Sie nur schwer erkennen. Sichtbar werden meist erst die Folgeschäden durch Sekundärinfektionen. Um dies zu verhindern, suchen Sie regelmäßig nach diesen Parasiten.

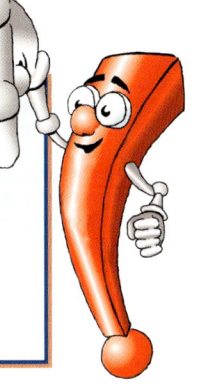

gen durch das Kratzen. Die eigentlichen Gefahren liegen auch hier in den Sekundärinfekten der offenen Kratzstellen. Eine Behandlung mit Bädern und Desinfektionsmitteln dauert eine Woche und löst das Problem vollständig.

Ein krankhafter Befall mit Demodex-Milben deutet auf eine Immunschwäche Ihres Hundes hin, denn diese in den Haarfolikeln lebenden Milben vermehren sich normaler Weise nicht in einem pathologischen Ausmaß. Nur eine Schwächung der Immunabwehr gibt diesem Parasiten die Möglichkeit, sich ungehemmt zu vermehren und so zu dem typischen Bild eines Milbenbefalls zu führen. Da der Befall innerhalb des Organismus ist, entstehen als Abwehrreaktion rote, teils eitrige Entzündungsherde, die sich vor allem am Kopf und den Pfoten befinden. Die Demodikose ist in einer lokalisierten, also eng auf einen Abschnitt begrenzten, und einer generalisierten Form, auf den ganzen Hund verbreitet, bekannt. Eine Ansteckung ist vom infizierten Muttertier auf die Welpen über die Muttermilch, nicht jedoch durch einfachen Körperkontakt möglich.

Eine Behandlung der lokalisierten Form ist oftmals nicht notwendig. Weitet sich das Problem aus und generalisiert, ist eine umfangreiche Behandlung mit speziellen Mitteln zwingend. Ihr Tierarzt ist unbedingt zu Rat zu ziehen. Da die Demodikose nicht ausgeheilt, sondern nur zurückgedrängt werden kann, müssen Sie mit Rückschlägen rechnen, die durch eine erneute Immunschwächung Ihres Hundes wie Stress, Trächtigkeit, andere Krankheiten, etc. ausgelöst werden können.

Darmparasiten

Die häufigsten Darmparasiten der Hunde sind Würmer, wobei mit Wurm keine biologische Art oder Gattung, sondern eine Organisationstufe beschrieben wird. Unter Würmern verstehen wir längliche, im Querschnitt runde bis ovale, wirbellose Lebewesen von meist nur geringer Größe. Ihr Vorkommen im Darm bereitet meist nur bei stärkerem Befall Probleme und kann durch spezielle Wurmkuren leicht behandelt werden. Spulwürmer, auch Rundwürmer genannt, stellen gerade bei Welpen aufgrund ihrer Gifte (Ascarin-Toxine) ein Problem dar. Haken- und Peitschenwürmer sind ebenfalls eher für Welpen problematisch, Bandwürmer sind auch für ausgewachsene Hunde gefährlich.

Der Hundespulwurm, *Toxocara canis*, ist wohl der bedeutendste Darmparasit. Immerhin gelten über 90 Prozent aller Welpen als infiziert. Infizierte Welpen zeigen als typische Symptome Erbrechen und Durchfall, haben keinen Appetit und magern als Folge stark ab, wobei gleichzeitig ein aufgedunsen wirkender Bauch zu beobachten ist. Während ihrer Entwicklung wandern die Spulwurmlarven durch die Darmwand in die Leber, von dort in die Lunge. Hier werden sie ausgehustet und ein Großteil der Würmer sofort wieder verschluckt, so gelangen die adulten Würmer zurück in den Darm, wo sie Ihre Eier legen, aus denen dann neue Larven schlüpfen. Die Stoffwechselprodukte der Wurmlarven können zu Allergien führen, das massenhafte Durchbrechen der Darmwand und Lungen kann diese stark schädigen und zu Infektionen führen. Die Larven im Darm können sich derart stark vermehren, dass sie den Darm verschließen oder zumindest der Nahrung so viele Nährstoffe entziehen, dass sie für den Welpen nicht mehr genügen. Die dramatische Folge ist eine Unterernährung, Entwicklungsschäden und der Tod.

So dramatisch sich die Situation hier darstellt, so einfach ist die Behandlung. Heutzutage stehen genügend Wurmmittel zur Verfügung, mit denen eine Behandlung einfach und effektiv ist. Entscheidend ist die Konsequenz der Behandlung, denn der Kreislauf zwischen der Infektion der Welpen mit der Muttermilch und umgekehrt der Mutter am Welpenkot kann nicht unterbrochen werden. Somit müssen Sie die Behandlung sowohl der Welpen – das erste Mal im Alter von circa zwei Wochen – als auch der Mutter und dem Vater regelmäßig wiederholen. Die verfügbaren Präparate unterscheiden sich geringfügig in der Anwendung, in der Regel entwurmen Sie alle 14 Tage. Um die Welpen nach der Stillzeit vollständig von den Würmern zu befreien, setzen Sie die Behandlung noch über ein bis zwei Monate fort.

Im Welpenalter ist jede Infektion und jeder Parasit eine zusätzliche Belastung, die auf die gesamte Entwicklung negative Auswirkungen haben kann. Achten Sie deshalb besonders in den ersten Lebensmonaten auf Ihren Sennenhund!
Foto: I. Francais

Erwachsene Hunde sollten Sie halbjährlich entwurmen, leben Kinder im Haushalt, ist eine vierteljährliche Entwurmung ratsam. Menschen können sich infizieren, stellen für Spulwürmer aber Fehlwirte dar. Die Entwicklung der Würmer bleibt unvollständig, die Larven verkapseln sich in Muskeln und Organen, wo sie zu Unbeweglichkeit und Entzündung führen können. Eine Infektion ist allerdings nur über die Eier im Hundekot möglich.

Peitschenwürmer befallen alle Hunde, sind aber nur für Welpen und auch nur bei starkem Befall ein Problem. Als Blutsauger bohren sie sich in die Darmschleimhaut und saugen hier, was zu einer Blutarmut (Anämie) und als Folge zu einer allgemeinen Schwächung und zu Entwicklungsstörungen führen kann. Die Behandlung stellt keine Probleme dar. Sie erhalten entweder spezielle Wurmkuren oder nehmen ein breit wirkendes Mittel.

Hakenwürmer sind in unseren Breiten zwar nicht heimisch, jedoch im Mittelmeerraum verbreitet und deshalb auch für Ihren Hund zumindest im Urlaub ein Risiko. Die Infektion erfolgt über den Kot infizierter Hunde. Die Würmer dringen über die Haut, bevorzugt an weniger behaarter Stellen, ein und wandern in den Dünndarm, aber auch in Herz, Lunge oder Luftröhre, wo sie sich an den Gefäßwänden festhaken und sich von Blut ernähren. Die Eintrittsstellen der Würmer infizieren sich, röten, schwellen leicht an und jucken. Vergrößern sich diese Stellen durch Kratzen, folgen Sekundärinfek-

Gesunde Hunde sind aktiv und zeigen sich interessiert an ihrer Umwelt. Viele innere Erkrankungen zeigen sich zunächst in kleinen, äußerlichen Veränderungen, denen Sie in jedem Fall nachgehen sollten. Foto: Fam. Hasselmann

tionen. Die Hakenwürmer selbst schädigen gerade Junghunde und Welpen durch den massiven Blutverlust. Die eintretende Anämie schwächt die Hunde, hemmt ihre Entwicklung und führt somit zum Tod. Welpen können sich auch direkt mit der Muttermilch infizieren. Die Behandlung und Prophylaxe entspricht der bei einem Spulwurmbefall.

Bandwürmer unterschiedlicher Arten befallen Hunde stets nicht direkt, also nicht von Hund zu Hund, sondern benötigen für ihre vollständige Entwicklung Zwischenwirte, durch die sie übertragen werden. Der Hundebandwurm, auch Gurkenkernbandwurm genannt, *Dipylidium canium*, wird durch infizierte Hundeflöhe und Haarlinge übertragen, wenn Hunde diese zerbeißen und schlucken. Die Zwischenwirte haben infektiöse Finnen der Bandwürmer

in sich, aus denen sich im Hundedarm die adulten Bandwürmer entwickeln. Diese legen im Darm ihre Eier, vermehren sich aber auch ungeschlechtlich, indem sie einzelne Wurmglieder, die Proglottiden, abschnüren, die selbst zu infektiösen Finnen heranwachsen. Es sind diese Proglottiden, die einen Juckreiz am Anus verursachen, den der Hund durch das typische Rutschen auf dem Po zu lindern versucht. Die austretenden Bandwurmglieder können Sie mit bloßem Auge sehen und somit einen Befall schnell selbst diagostizieren. Schädigen können Bandwürmer sowohl junge Hunde und Welpen, als auch erwachsene Hunde. Ferner belastet jeder Parasit das Immunsystem. Eine Infektion weiterer Hunde oder gar des Menschen ist nicht erwünscht, daher muss jede Bandwurminfektion schnell behandelt werden.

Neben dem Hundebandwurm können auch verschiedene Taenien-Arten, eine andere Gattung von Bandwürmern, den Hund befallen. Die Finnen dieser Arten finden Sie im Muskelfleisch infizierter Zwischenwirte. Zu diesen Zwischenwirten gehören so ziemlich alle Fleischlieferanten, so auch Rinder und Schweine. Eine Infektion ist nur über frisches, rohes Fleisch möglich. Gekochtes oder tiefgekühltes Fleisch (mindestens zwei Tage bei minus 20 Grad) ist nicht mehr infektiös.

Für den Menschen besonders gefährlich ist eine

Infektion mit Bandwürmern der *Echinococcus*-Arten. Auch sie entwickeln sich über Zwischenwirte. Dient der Mensch als Zwischenwirt, so stellt er einen Fehlwirt dar. Es entwickeln sich in ihm die infektiösen Stadien, die Finnen, die beim Fuchsbandwurm, *Echinococcus multilocularis*, Kindskopfgröße erreichen können. Diese Finnen sind äußerst fragil, beinhalten tausende Bandwurmlarven und können tödliche Gewebeschäden, gerade in der Leber, verursachen. Besonders tückisch ist, dass die Proglottiden dieser Art mit dem bloßen Auge nicht sichtbar sind.

Hunde infizieren sich als Endwirte, der Befall stellt für sie keinen lebensbedrohlichen Zustand dar, eine Behandlung ist aber gerade auf Grund der gravierenden, meist tödlichen Folgen für den Menschen unbedingt notwendig. Die Infektion Ihres Hundes erfolgt über infiziertes Fleisch der Zwischenwirte, besonders von Nagetieren.

Alle Bandwurminfektionen lassen sich mit speziellen Wurmkuren behandeln. Eine regelmäßige Untersuchung ist ratsam, gerade vor Impfungen, denn auch eine kleine Schwächung des Immunsystems kann eine Impfung gefährlich machen!

Infektionskrankheiten

Infektionskrankheiten werden durch Viren, Bakterien oder Einzeller verursacht. Sie werden entweder direkt von Hund zu Hund oder über sogenannte Vektoren, zum Beispiel Zecken, übertragen. Ein defektes oder geschwächtes Immunsystem begünstigt eine Infektion ebenso wie Wunden in der Haut, die das Eindringen der Keime erleichtern. Neben verschiedenen, erregerspezifischen Symptomen gehen Infektionskrankheiten meist mit hohem Fieber einher.

Bakterielle Infektionen

Leptospirose

Die verbreitetste Form der Leptospirose ist die Stuttgarter Hundeseuche. Die bakteriellen Erreger werden von Einzellern übertragen, die vor allem in stehenden Gewässern vorkommen. Ein Infektion von infizierten Hunden auf andere ist über den Urin und Speichel ebenfalls möglich.

Nach einer Inkubationszeit von wenigen Tagen bis zu drei Wochen zeigen sich als Folge einer schweren Magen-Darm-Entzündung starkes Erbrechen, teils blutiger Durchfall und Fieber über 40° C. Es kann in schweren Fällen zu Nieren- und Leberentzündungen mit Symptomen einer Gelbsucht kommen. Auch im Maul machen sich geschwürartige Entzündungen breit, die von einem fauligen Mundgeruch begleitet werden. Die Hinterläufe werden unbeweglich und zeigen Lähmungserscheinungen.

Die Behandlung ist erfolgversprechend, wenn die Diagnose früh gestellt wird und noch keine Organe geschädigt sind. Leider ist ein Organversagen meist das erste Anzeichen der Infektion. Es muss jedoch gar nicht erst zu einer Infektion kommen, da wirksame Impfstoffe erhältlich sind.

Zwingerhusten (Tracheobronchitis)

Der Zwingerhusten ist eine Mischinfektion von Viren (häufig Parainfluenza-Viren) und Bakterien (meist *Bordetella bronchiseptica*), die sich auf die Luftröhre und die Bronchien beschränkt. Unbehandelt führt diese Infektion zu einer schweren Lungenentzündung mit Sekundärinfektionen, die sich durch die Grundschwächung des Immunsystems ausbreiten. Ansteckungsorte sind überall dort, wo viele Hunde ge-

Bei Reisen in fremde Länder können auch fremde Krankheitserreger auf Ihren Hund lauern. Erkundigen Sie sich vor Reiseantritt nach möglichen Risiken und geeigneten Medikamenten oder Impfungen zur Prophylaxe. Foto: Fam. Hasselmann

meinsam auf engem Raum gehalten werden, vor allem in Tierheime und in Hundehandlungen, aber auch auf Ausstellungen und Hundeplätzen.

Eine Behandlung ist erfolgversprechend, solange die Sekundärinfektionen nicht zu schwer sind. Die Behandlung richtet sich gegen den bakteriellen Erreger.

Eine Impfung gegen Zwingerhusten ist auf Grund der unterschiedlichen Erreger umstritten, in meinen Augen aber ratsam. Die Vakzine ist ein Mischpräparat gegen die häufigsten Auslöser und somit auch therapeutisch sinnvoll.

Virusinfektionen

Ansteckende Leberentzündung (Hepatitis contagiosa canis, H.c.c.)

Die ansteckende Hepatitis, die durch sämtliche Körperflüssigkeiten und somit auch reinen Körperkontakt übertragen wird, kann sehr unterschiedlich verlaufen. Neben Fällen, bei denen die Hunde nach wenigen Stunden bis einigen Tagen ohne typische Symptome sterben, kann die Krankheit auch subakut verlaufen. Hierbei fiebert der Hund leicht, aber sein Zustand verbessert sich wieder. Er zeigt im Anschluss eine ein- bis zweiwöchige, einseitige und meist selbst heilende Hornhauttrübung. Akute Krankheitszeichen sind ein hoher Fieberanstieg, ein apathisches Verhalten und Nahrungsverweigerung. Nach einem ersten, meist einwöchigen Fieberanfall verbessert sich der Zustand des Hundes zunächst, um sich anschließend entscheidend zu verschlechtern. Als weitere Symptome können nun auch Erbrechen und

blutiger Durchfall auftreten. Auch nach erfolgreicher Behandlung, die vom Tierarzt stark dem Einzelfall angepasst werden muss, kann vor allem eine Gelbsucht als Spätschaden zurückbleiben.

Die regelmäßige Impfung bewahrt Sie und Ihren Hund sicher vor den dramatischen Verläufen der Infektion.

Parvovirose

Diese gerade für Welpen und Junghunde lebensbedrohliche Viruserkrankung wird nur von Hund zu Hund über Ausscheidungen übertragen. Die Erreger schädigen die Darmzotten, was zu blutigen Durchfällen führt, auch Erbrechen ist ein Anzeichen für die Infektion. Bei jungen Hunden kann eine Herzmuskelentzündung den Zustand verschlechtern, die mit plötzlichem Herzversagen enden kann.

Die Behandlung ist je nach Alter und Schwere der Infektion mehr oder weniger hoffnungsvoll. Die Schutzimpfung ist ein

Muss. Und auch wenn sie nicht 100%ig schützen kann, wird der Krankheitsverlauf entscheidend gemildert. Gerade der Zeitpunkt der ersten Impfung kann Probleme bereiten, denn die ersten Antikörper erhalten die Welpen durch die Muttermilch. Wird zu früh geimpft, werden die Antikörper verbraucht und der Welpe produziert nicht schnell genug einen eigenen Abwehrschutz. Impfen Sie zu spät, entsteht ebenfalls eine Immunlücke, da sich die Antikörper der Mutter nicht so lange im Kreislauf des Welpen halten. Glückli-

Staupe

Die Staupe, eine Virusinfektion, deren Infektionsquellen neben infizierten Hunden auch verschiedene Wildtiere sind, verläuft in verschiedenen, charakteristischen Schüben. Je nach Ausprägung durchläuft der Hund alle oder nur einige der beschriebenen Stadien. Die Infektion beginnt aber, egal welchen Verlauf sie nimmt, immer mit der katarrhalischen Form.

Bei der katarrhalischen Form erhöht sich kurze Zeit nach der Infektion die Köpertemperatur des Hundes stark aber nur

Ein Familienfoto gesunder Entlebucher der Berliner Züchterin Frau Zoeger, deren Hunde ihren Weg schon längst über die Grenzen der Stadt hinweg gefunden haben. Foto: Fam. Hasselmann

cherweise gibt es inzwischen spezielle Frühimpfstoffe zur Welpenbehandlung, die genau dieses Problem umgehen. Sprechen Sie mit Ihrem Tierarzt über diese Möglichkeit.

sehr kurz und ist dadurch für den Besitzer kaum merklich. Die Entzündung verschiedener Schleimhäute bleibt meist subakut. Nach einer Woche folgt ein zweiter, heftiger Fieberschub, der mit einer Lungenentzündung einhergeht. Der eitrige Augen- und Nasenausfluss ist nun unübersehbar. Erfolgt in diesem Stadium keine Behandlung, ist eine Heilung und selbst ein Überleben des Hundes beinahe aussichtslos. Bei ausgebrochener Staupe kann nie mit einer vollständigen Genesung Ihres Hundes gerechnet werden. Manchmal kommt es nun zu einer starken Verhornung der Ballen.

Die zentralnervöse Phase schließt sich entweder an die katarrhalische Phase an, der Hund kann aber auch bis hier beinahe symptomlos bleiben. Zu den schon genannten, jetzt wiederkehrenden Symptomen kommen nun zentralnervöse Störungen in Form von Bewegungsunfähigkeit, Koordinationsschwierigkeiten und starken Krämpfen. In diesem Stadium sterben die Hunde meist sehr schnell. Der sogenannte Staupetick, ein nervöses Kopfzucken, ist der Spätschaden bei den Hunden, die dieses Stadium überleben. Überleben junge Hunde die Staupe, können ihre Zähne starke Schäden am Zahnschmelz zeigen, wenn sie die Infektion im dritten bis vierten Lebensmonat durchmachten. Zu dieser Zeit befindet sich das spätere Gebiss gerade im Aufbau und kann durch die Infektion geschädigt werden, man spricht dann vom Staupegebiss.

Manchmal können Sie in der Literatur noch von Spätfolgen der Staupe lesen, wonach sehr alte Hunde, die eine Staupe überlebten, zunehmend unter einem spürbaren Intelligenzverlust und motorischen Störungen leiden. Ob hier wirklich ein Zusammenhang besteht, ist zumindest fraglich. Die einfachste Vorsorge gegen eine Staupeinfektion ist die planmäßige Impfung, die Ihrem Hund einen ausreichenden Schutz bietet.

Tollwut und Pseudowut (Aujeszkysche Krankheit)

Obwohl die Tollwut, die durch einen Virus übertragen wird und zur Infektion über den Speichel in eine offene Wunde gelangen muss, heutzutage sehr selten geworden ist, ist sie immer noch zu Recht gefürchtet, denn eine Heilung ist nicht möglich! Die Viren wandern nach der Infektion zum Gehirn des Hundes und von dort in die Speicheldrüsen. Um sich dem Immunsystem zu entziehen, gelangen die Viren nicht über die Blutbahn, sondern über die Nervenbahnen dort hin. Am lebenden Hund kann somit keine Tollwut nachgewiesen werden! Um so wichtiger ist ein perfekter Impfschutz, denn liegt die letzte Impfung auch nur einen Tag mehr als 365 Tage zurück, wird Ihr Hund bei Verdacht auf Tollwut auf amtstierärztliche Weisung hin getötet! Erreichen die Viren das Gehirn, treten Veränderungen auf, die den Hund speicheln und agressiv werden lassen – doch bei weitem nicht alle infizierten Hunde zeigen diese Symptome. Je nachdem wie weit entfernt vom Gehirn die Viren in den Kreislauf eintreten, kann die Inkubationszeit einige Monate betragen. Nach Beginn der Krankheit tritt der Tod meist nach wenigen Tagen ein.

Auch wenn die Tollwut in Deutschland weitgehend zurückgeschlagen wurde, müssen Sie Ihren Hund unbedingt pünktlich impfen lassen. Die Krankheit ist auf den Menschen übertragbar und auch für uns tödlich. Notieren Sie sich den Impftermin im Kalender, denn eine Infektion endet ohne Impfschutz immer tödlich.

Eine sehr seltene, der Tollwut in ihrer Symptomatik ähnliche Erkrankung, ist die Pseudowut. Der starke Speichelfluss und Schluckbeschwerden erinnern an die Tollwut, die Hunde haben zudem einen starken Juckreiz. Die Krankheit endet immer tödlich, eine Infektion ist aber nur über rohes Schweinefleisch möglich. Eine weitergehende Prophylaxe, als niemals rohes Schweinefleisch zu füttern, ist nicht notwendig.

Einzellerinfektionen

Toxoplasmose
Die Erreger der Toxoplasmose sind Einzeller der Art *Toxoplasma gondii*, die als Stammwirt die Katze haben. Hier bilden sie infektiöse Dauerformen, eine Ansteckung Katze auf Hund ist jedoch selten, eher werden Hunde durch rohes Schweine- oder Rindfleisch infiziert. In Hunden bilden sich keine infektiösen Stadien, ein erkrankter Hund stellt somit keine Gefahr für den Menschen dar.

Leidet ein trächtiges Weibchen an Toxoplasmose, so kann es zu Fehlgeburten und Missbildungen der Föten kommen. Gesunde Hunde bleiben oft symptomfrei. Die Einzeller bilden Dauerformen in Organen und Muskeln, die bei abwehrgeschwächten oder abwehrschwachen Hunden zur Erkrankung führen. Die Symptomatik reicht dann von Apathie, über Magen-Darm-Beschwerden bis zu zentralnervösen Störungen. Die Behandlung ist mit Antibiotika möglich.

Einzellige Darmparasiten
Kokzidien und Giardien sind Einzeller, die sich in den Darmzellen einnisten und nur bei immunschwachen oder jungen Hunden zu ernsteren Problemen durch starken Durchfall führen. Normalerweise sind erwachsene Hunde immun und zeigen, wenn überhaupt, bei einer Infektion einen dünnen Stuhl. Die Erreger sind nicht immer oder nur schwer im Kot nachweisbar. Eine Diagnose ist somit recht schwierig, sollte Ihr Hund jedoch an unerklärbarem Durchfall leiden, gerade wenn er häufiger an öffentlichen Stellen baden geht, denken Sie besonders an eine solche Infektion. Die Behandlung durch Ihren Tierarzt ist unproblematisch.

Für Ihren Berner Sennenhund ist die Vorsorge noch immer der beste Schutz vor Erkrankungen
Foto: I. Francais

Die richtig eingesetzte Erste Hilfe kann Leben retten – dies gilt bei Menschen genauso wie bei Hunden. In vielen lebensbedrohlich wirkenden Situationen können Sie Ihrem Hund durch einfache Handgriffe sowohl direkt das Leben retten und weitere Behandlungen unnötig machen, genauso helfen aber auch erste Maßnahmen, um eine gefährliche nicht in eine lebensbedrohliche Situation ausufern zu lassen. Wichtig ist für Sie und Ihren Hund, dass Sie die Gefahrensituation erkennen und in der Lage sind, entsprechend zu handeln. Sie stellen eine erste Verdachtsdiagnose auf und kontrollieren die zuvor beschriebenen Körperfunktionen wie Temperatur, Herzschlag und Atmung. Die folgenden Erste Hilfe Maßnahmen helfen Ihnen in den am häufigsten vorkommenden Gefahrensituationen weiter. Sie sollten sich mit Ihnen vertraut machen.

Wie immer ist die Vermeidung dieser Gefahren der beste Weg, Ihren Hund gar nicht erst in eine bedrohliche Situation kommen zu lassen. Da Sie dies aber nie ausschließen können, sollten Sie die beschriebenen Erste Hilfe Maßnahmen schon als „Trockenübungen" mit Ihrem Hund exerzieren, damit Sie beide im Notfall gut auf die lebensrettenden Handgriffe vorbereitet sind und Ihre Unerfahrenheit nicht zum zusätzlichen Risikofaktor wird.

Was Sie im Notfall unbedingt zu Hause haben sollten

Der Erste Hilfe Koffer für Ihren Hund ist ähnlich aufgebaut wie Ihr eigener, den Sie zum Beispiel aus Ihrem Auto kennen. Er sollte immer griffbereit und einsatzfähig sein. Die folgenden Utensilien muss der Koffer unbedingt beinhalten:

Die wichtigsten Handgriffe der Ersten Hilfe sollten Sie regelmäßig mit Ihrem Hund üben. Im Notfall wissen Sie dann, was zu tun ist und Ihrem Hund sind die Handgriffe vertraut.
Foto: bede-Verlag

- ❏ **Verbandszeug bestehend aus Baumwollwatte, Mullbinden, Endlospflaster, selbstklebenden Verbänden, sterilen Auflagen und Kompressen, Tupfern und mehreren Bandagen unterschiedlicher Länge und Breite**
- ❏ **verschiedene Desinfektionsmittel, wie Jodtinktur, Alkohol und Mercurochrom**
- ❏ **Antiseptische Salben und Puder**
- ❏ **Zum Applizieren der Medikamente benötigen Sie Pipetten und Spritzen (ohne Kanüle)**
- ❏ **Pinzetten, eine Zeckenpinzette, eine Verbandsschere, ein digitales Fieberthermometer und Heiß-/Kaltkompressen**

Ferner sollten Sie die Telefonnummer Ihres Tierarztes immer griffbereit haben. Viele Tierärzte sind für Sie in Notfällen rund um die Uhr verfügbar und geben Ihnen auch ihre Mobilfunk-Nummer falls vorhanden. Sollte Ihr Tierarzt nicht immer erreichbar sein, lassen Sie sich die Nummer und Adresse einer Notbereitschaft geben. Erkundigen Sie sich nach der Urlaubsvertretung Ihres Arztes und machen Sie sich mit der schnellsten Anfahrt dorthin vertraut, denn im Notfall zählt jede Sekunde, die nicht mit der Suche im Stadtplan vergeudet werden darf. So gerne Ihnen Ihr Tierarzt sicher zu jeder Tages- und Nachtzeit hilft, so unerfreud wird auch er mitten in der Nacht über einen Fehlalarm sein. Stellen Sie deshalb mit Ihren Möglichkeiten sicher, dass es sich um einen wirklichen Notfall handelt. Sichere Zeichen hierfür sind:

So sollte ein schulmäßig angelegter Verband aussehen. Foto: bede-Verlag

- ❏ ein unnatürlich helles Zahnfleisch
- ❏ ein fester, verspannter Bauch
- ❏ Bewusstlosigkeit
- ❏ Blutungen aus Körperöffnungen, Blut in Stuhl oder Urin
- ❏ stark blutende Verletzungen
- ❏ starke Schmerzen bei Druck auf den Körper oder beim Bewegen der Glieder
- ❏ die Unfähigkeit, ohne Hilfe zu stehen
- ❏ verlangsamte Atmung und Herzschlag, ebenso eine deutliche Beschleunigung
- ❏ Verletzungen am Auge
- ❏ starker Brechdurchfall

Wenn der Ernstfall eingetreten ist

Das Wichtigste für Sie und Ihren Hund ist, erst einmal die Ruhe zu bewahren. Auch wenn Sie voll Sorge sind und schnell helfen wollen, behalten Sie einen klaren Kopf und vor allem agieren Sie nicht hektisch. Jede Unruhe überträgt sich auf Ihren Hund und macht auch ihn zu einem unberechenbareren Patienten. So lieb und ruhig Ihr Hund auch im gesunden Zustand ist, hat er ernsthafte und dazu womöglich noch schmerzhafte Gesundheitsprobleme, kann auch er einmal zubeißen und nicht sehr kooperativ sein. Um in dieser Ausnahmesituation weitere Belastungen für ihn zu minimieren der dringende Rat, die wichtigsten Handgriffe schon im Vorfeld zu erproben. Hierzu gehört an erster Stelle das Anlegen des Notfallmaulkorbs.

Der Notfallmaulkorb

Ein Hund, der Schmerzen hat und sich in einer Stress- oder gar Paniksituation befindet, beißt schnell nach allem, was sich ihm nähert. Wollen Sie einem Hund in dieser Situation helfen und sich ungefährdet nähern, muss ihm ein Maulkorb angelegt werden, wenn nicht der Tierarzt zur Stelle ist und ein Beruhigungsmittel spritzen kann. Da Sie nicht unbedingt einen eigenen Maulkorb besitzen oder ihn immer bei sich tragen, können Sie einen Notfallmaulkorb als voll funktionsfähiges Provisorium schnell selbst fertigen und anlegen. Sie benötigen hierzu lediglich ein circa ein

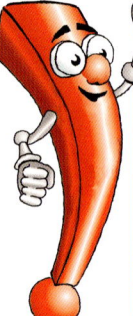

Denken Sie dran!

In einer Notfallsituation kommt es nicht nur auf Ihr Wissen an, sondern auch darauf, dass Sie ruhig bleiben und sich nicht von der Hektik der Situation anstecken lassen. Hierbei hilft Ihnen die Übung und das Wissen um die notwendigen Handgriffe.

Meter langes Stück reißfesten Stoff, nur im Notfall nehmen Sie eine Schnur. Die Schnur darf nicht zu dünn sein, um den Hund nicht durch Einschnüren zu verletzen. Dinge, die sich gut eignen und fast immer schnell zu bekommen sind, sind die Hundeleine, eine Krawatte, ein Schal oder ähnliches. Die einzelnen Schritte der Reihenfolge nach:

- Fertigen Sie in der Mitte Ihres Bands eine Schlaufe, indem Sie einen lockeren, einfachen Knoten binden.
- Ziehen Sie diese Schlaufe über die Schnauze des Hundes und ziehen den Knoten auf dem Nasenrücken fest. Aber vorsichtig, ohne gebissen zu werden! Dies ist der einzige heikle Moment für Sie!
- Nun verknoten Sie das Band ein zweites Mal unter dem Unterkiefer und ziehen wieder fest zu.
- Sollte die Situation ein zweimaliges Verknoten nicht erlauben, lassen Sie den ersten Knoten einfach weg und verknoten die Schlinge einmal unterhalb der Schnauze.
- Um den Maulkorb zu fixieren, führen Sie die beiden Enden nun unter den Ohren in den Nacken und machen dort ebenfalls zwei feste Knoten – der Notfallmaulkorb ist fertig angelegt!

Diese Prozedur ist für den Hund nicht unangenehm, sondern nur ungewohnt.

Üben Sie deshalb mit ihm das Anlegen, damit sie beide mit der Technik vertraut sind.

Bedenken Sie bitte, dass ein Maulkorb die Atmung beeinträchtigt und auch ein Erbrechen behindert. Kontrollieren Sie dies, um ein Ersticken zu verhindern und legen Sie einem erbrechenden Hund niemals einen Maulkorb an.

Wiederbelebung

Setzt bei Ihrem Hund die Atmung oder der Herzschlag, im schlimmsten Fall beides, aus, muss sofort mit der Wiederbelebung begonnen werden. Achten Sie während der Maßnahmen darauf, dass der Hund nicht auskühlt, indem Sie ihn zum Beispiel in eine Decke einhüllen. In jedem Fall alarmieren Sie zu Ihren eigenen Bemühungen noch den Tierarzt.

Setzt allein die Atmung aus, legen Sie den Hund zunächst auf die Seite, kontrollieren Sie, ob ein Fremdkörper die Atemwege verschließt und entfernen Sie ihn (siehe auch „Ersticken"). Atmet der Hund wieder normal, ist der Notfall überstanden, setzt die Atmung nicht wieder ein, beginnen Sie mit der Mund-zu-Nase-Beatmung. Durchschnittlich atmet ein Hund ungefähr 20 mal pro Minute. An diesem Wert orientieren Sie sich auch bei der Beatmung, das heißt, alle drei Sekunden füllen Sie die Lungen des Hundes mit Luft. Dazu setzen Sie Ihren Mund auf die Nase des Hundes, halten sein Maul zu und atmen in die Hundenase aus. Nach jeder Beatmung öffnen Sie das Maul des Hundes und ziehen seine Zunge hervor, um ihm ein freies, eigenständiges Atmen zu ermöglichen. Falls Sie den direkten Kontakt mit der Hundenase vermeiden wollen, legen Sie ein dünnes Tuch (Taschen- oder Haushaltstuch) über

die Hundeschnauze. Beatmen Sie den Hund so lange, bis er wieder selbst atmet und beobachten Sie ihn weiterhin gründlich. Setzt die Atmung auch nach einigen Minuten nicht wieder ein, kann nur der Tierarzt weiterhelfen, den Sie auf jeden Fall alarmieren müssen, auch bei erfolgreicher Beatmung.

Setzt allein der Herzschlag aus, werden Sie eine Herzmassage durchführen müssen. Hierzu legen Sie den Hund auf die rechte Körperseite. Ist der Hund sehr klein und können Sie den Brustkorb mit einer Hand umfassen, drücken Sie einfach Ihre Hand im Bereich der dritten bis sechsten Rippe von beiden Seiten zusammen. Ist der Hund größer, legen Sie ihre eine Hand flach auf die Rippen der linken Körperseite, wieder zwischen der dritten und sechsten Rippe, und drücken mit der anderen Hand auf ihre untere Hand. Das Hundeherz schlägt in etwa so häufig wie bei uns Menschen, also 80 bis 100 mal in der Minute. Diese Frequenz sollten auch Ihre Wiederbelebungsversuche haben. Fahren Sie mit Ihren Bemühungen fort, bis das Herz wieder von alleine schlägt und beobachten Sie den Hund weiterhin sorgfältig. Den Tierarzt

sollten Sie in jedem Fall verständigen.

Fallen sowohl die Atmung als auch der Herzschlag aus, verfahren Sie entweder so, wie oben beschrieben, wenn Ihnen ein Helfer zur Seite steht, so dass jeweils einer von Ihnen die Herzmassage oder die Beatmung übernehmen kann, oder Sie müssen einen Kompromiss eingehen. Wechseln Sie zwischen Beatmung und Herzmassage in einem ständigen Wechsel zwischen zweimal beatmen und achtmal Druck auf den Brustkorb. Ideal wäre ein Zyklus von zehn Mal pro Minute, versuchen Sie zumindest alle zehn Sekunden einen Zyklus abzuschließen.

Sollte Ihr Hund trotz aller Bemühungen nicht wiederzubeleben sein, müssen Sie sich mit dem Schicksal abfinden. Eindeutige Zeichen dafür, dass jede weitere Hilfe zu spät kommt, sind geweitete Pupillen, blau angelaufenes Zahnfleisch, eine blaue Zunge und das Fehlen jeglicher Reflexe.

Ersticken

Befindet sich Ihr Hund in einer Situation, in der er zu ersticken droht, ist schnellste Hilfe erforderlich. Deutliche Anzeichen dafür, dass Ihr Hund zu wenig oder gar keine Luft bekommt, sind neben des sichtbaren Unvermögens frei durchzuatmen auch starker Speichelfluss und später eine Blaufärbung der Zunge. Die häufigsten Ursachen für Erstickungsanfälle sind Schwellungen oder Fremdkörper im Rachenraum, am Zungengrund oder in der Luftröhre. Um die tatsächliche Ursa-

che herauszufinde, fixieren Sie den Hund zwischen Ihren Beinen und öffnen sein Maul vorsichtig, um ihm in den Hals sehen zu können. Ziehen Sie seine Zunge leicht heraus, um auch Fremdkörper im hinteren Rachenbereich erkennen zu können. Haben Sie das störende Teil entdeckt, versuchen Sie es mit einem stumpfen Gegenstand, am besten einer Pinzette, zu entfernen. Kleinere Hunde können Sie auch an den Hinterbeinen packen und auf den Kopf stellen. Sollte sich der Gegenstand so nicht entfernen lassen, fahren Sie schnellstmöglich zum Tierarzt und beatmen Ihren Hund notfalls Mund-zu-Nase (siehe „Wiederbelebung"). Gerade spitze Gegenstände wie Fischgräten, Röhrenknochen von Geflügel oder auch zu kleine und leicht splitternde Rinder- oder Schweineknochen bleiben gerne im Hals stecken und können nicht ohne weiteres entfernt werden, wie unter „Fremdkörper" noch beschrieben wird.

Entdecken Sie keinen Fremkörper im Hals des Hundes, so sitzt dieser entweder zu tief oder der Erstickungsanfall ist auf eine Verengung der Luftröhre zurückzuführen. In den meisten Fällen ist das Anschwellen der inneren Schleimhäute eine allergische Reaktion, die mit Antihistaminen schnell behandelt werden kann. Ein Antihistaminicum gehört in den Erste-Hilfe-Koffer jedes allergisch reagierenden Hundes. Eine erste Dosis sollten Sie gleich verabreichen, der Besuch beim Tierarzt muss sofort erfolgen.

Ertrinken

Jeder Hund kann von Geburt an schwimmen, so auch Welpen. Zu lebensbedrohlichen Situationen im Wasser kann es dann kommen, wenn das rettende Ufer oder der Ausgang aus einem künstlich angelegten Gewässer, das kann auch der Swimmingpool sein, nicht mehr erreicht werden kann. Der Hund ermüdet und seine Kräfte verlassen ihn. Dies ist naturgemäß bei jungen und alten Hunden besonders schnell. Für kleinere Rassen sind zudem manche Auswege nicht erreichbar, die eine große Rasse mit Leichtigkeit für sich nutzen kann. Auch Gewässer mit starker Strömung können eine ernste Gefahr darstellen. Kritisch ist der Zustand dann, wenn der Hund längere Zeit untergeht und viel Wasser schluckt oder gar in die Lungen bekommt. Bewus-

die Gegenstände und pumpen Sie das Wasser aus den Lungen des Hundes. Kleinere, leichtere Hunde können Sie an den Hinterbeinen greifen und nach unten hängen lassen, das Wasser kann nun normal abfließen. Größere und schwerere Hunde legen Sie auf die Seite, möglichst ist der Kopf hierbei tiefer zu legen als der Körper, und pressen mit der flachen Hand auf den Brustkorb, so dass das Wasser ebenfalls

Insektenstiche sind für Hunde nicht gefährlicher als für Menschen. Lebensbedrohlich wird ein Insektenstich nur, wenn der Hund allergisch reagiert.
Foto: Fam. Hasselmann

stlosigkeit und ein schnelles Ertrinken sind die Folge. Retten Sie einen ertrinkenden Hund aus dem Wasser, schauen Sie zunächst nach, ob sich Gegenstände in seinem Mund und Rachenraum befinden. In stark bewachsenen oder verdreckten Gewässern kann der Hund so allerlei Unrat und Wasserpflanzen geschluckt haben, die eine Wiederbelebung und ein normales Atmen unmöglich machen. Entfernen Sie

abfließen kann. Sollte der Hund nun nicht von selbst anfangen zu atmen, beginnen Sie mit den bereits beschriebenen Wiederbelebungsmaßnahmen.

Insektenstiche

Gefährlich werden in der Regel nur Stiche von Wespen oder Bienen, wenn Ihr Hund allergisch reagiert oder in den Mund-Rachenraum gestochen wird. Ein Insektenstich schmerzt den Hund und Sie werden leicht feststellen können, wo Ihr Hund gestochen wurde. Sehen Sie sich die Stelle genau an und entfernen Sie bei Bienenstichen vorsichtig den Stachel, ohne dabei auf den zurückgebliebenen Giftsack zu drücken, was nur noch mehr Gift in die Wunde bringen würde. Ideal ist eine spitze Pinzette. Desinfizieren Sie den Einstich und geben eine kühlende Salbe auf die Stelle. Sollte Ihr Hund in den Kopf und vor allem in Mund, Nase, Zunge oder gar weiter hinten im Maul gestochen worden sein, suchen Sie sofort einen Tierarzt auf. Durch ein Anschwellen des Stichs besteht hierbei eine ernste Erstickungsgefahr. Ebenso sollten Sie sofort den Tierarzt besuchen, wenn Ihr Hund allergische Reaktionen auf den Stich zeigt. Meist schwillt schon die Einstichstelle unnatürlich stark an. Gefährlich wird es aber erst, wenn Sie am Kopf des Hundes eine Schwellung feststellen und sein Zahnfleisch blass wird. Hier kann ein Schockzustand unmittelbar bevorstehen. Lassen Sie sich von Ihrem Tierarzt ein Antihistaminikum für Ihren Hund verschreiben, das Sie im Notfall verabreichen können und das erste Linderung verschafft. Vor allem bei einer bekannten Allergie auf Insektenstiche ist dies lebensrettend.

Vergiftungen

Vergiftungen können die unterschiedlichsten Ursachen haben. Es gilt zur adäquaten Weiterbehandlung vor allem die Vergiftungsursache und somit das Gift ausfindig zu machen. Die Symptome sind bei den meisten Vergiftungen relativ gleich. Der Hund zeigt einen erhöhten Speichelfluss meist zusammen mit heftigem Erbrechen und Durchfall, desweiteren finden Sie oft Schleimhautblutungen. Hinzu kom-

men je nach Schwere der Vegiftung weitere körperliche Ausfallerscheinungen wie Gleichgewichtsstörungen, Krämpfe und häufig eine allgemeine Schwäche. Zwei Dinge haben für Sie nun absolute Priorität: Einer Verschlechterung des Zustands entgegenzuwirken und anschließend die Ursache der Vergiftung herausfinden. Bevor Sie lange überlegen wo und wie sich Ihr Hund vergiftet hat, sollten Sie Ihren Hund beruhigen, so weit das in solch einer Situation geht, und die normale Körperabwehr wie Erbrechen und Durchfall unterstützen. Verabreichen Sie kein brechreizförderndes Mittel! Viele Mittel können die Wirkung verschiedener Gifte noch verschlimmern! Versuchen Sie dann, dem Übel auf die Spur zu kommen und überlegen, was der Hund alles gefressen hat. Waren Sie mit Ihm spazieren, hat er an etwas geleckt oder an Pflanzen geknabbert, die Sie nicht kennen? Alle diese Überlegungen helfen dem Tierarzt, die Ursache herauszufinden. Auch der Verzehr von Schokolade kann beim Hund zu schweren Vergiftungen führen! Grundsätzlich dürfen Sie Ihren Hund nie mit Lebensmitteln und Süßigkeiten füttern, die für uns Menschen hergestellt und nicht für unsere Hund bestimmt sind.

Fremdkörper

Als Fremdkörper bezeichnet man alle Gegenstände, die der Hund verschlingt, die aber alles andere als Nahrung für Ihn sind und in Rachen, Magen oder Darm zu ernsthaften Schäden bis hin zum Tod führen. Achten Sie unbedingt darauf, was Ihr Hund frisst, was sich an kleineren, verschluckbaren Teilen in seiner Reichweite befindet und womit er sich zu Hause und bei Spaziergängen beschäftigt.

In der Natur wachsen viele giftige Pflanzen, die auch für Ihren Hund eine Gefahr darstellen. Machen Sie sich mit den wichtigsten Giftpflanzen bekannt!
Foto: bede-Verlag

Viele Unfälle passieren mit essbaren Gegenständen. Der berühmte Röhrenknochen im Geflügel, der leicht splittert und entweder im Rachen stecken bleibt und zum Ersticken führen kann oder erst im Magen-Darm-Trakt schwere innere Verletzungen verursacht oder die Fischgräte mit gleichen Folgen. Selbst bei Rinderknochen müssen Sie auf die Art achten. Zu kleine Knochen können verschluckt werden und sich im Rachen quer stellen und auch Rippenknochen haben eine ähnlich spröde Konsistenz wie Röhrenknochen.

Gerne gefressen werden auch alle Verpackungsmaterialien, die noch nach den darin verpackten Lebensmitteln riechen. Wenn die eingepackte Wurst auf dem Tisch liegt, macht sich sicher kein Hund die Mühe, sie erst auszupacken, sondern verschlingt das ganze Paket. Diese Verpackungen, die meist aus Plastik sind, können nicht verdaut werden und im schlimmsten Fall werden sie auch nicht erbrochen oder ausgeschieden, sondern verschließen den Magen-Darm-Trakt.

Es sind aber nicht nur solch naheliegende Gegenstände, an denen sich besonders junge und unerfahrene Hunde und Welpen vergehen. Die unvermutetsten Dinge mussten schon aus Hundemägen herausoperiert werden, weshalb Sie besonders darauf achten müssen, kleine Gegenstände sorgsam zu verstauen.

Zeigt der Hund Erstickungsanfälle, verfahren Sie wie in dem Absatz beschrieben. Versuchen Sie jedoch niemals, spitze Ge-

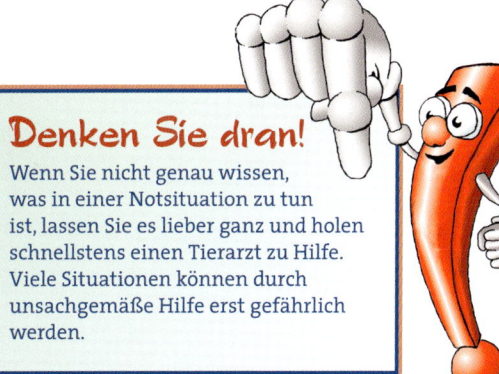

Denken Sie dran!

Wenn Sie nicht genau wissen, was in einer Notsituation zu tun ist, lassen Sie es lieber ganz und holen schnellstens einen Tierarzt zu Hilfe. Viele Situationen können durch unsachgemäße Hilfe erst gefährlich werden.

Bei allen Zwischenfällen gilt: Auch wenn die Erste Hilfe-Maßnahmen erfolgreich waren und sich der Zustand Ihres Hunds verbessert hat, besuchen Sie unbedingt einen Tierarzt, der eine Nachuntersuchung durchführt. Foto: bede-Verlag

genstände wie Gräten oder Knochen selbst aus dem Rachen zu entfernen. Beim Herausziehen richten Sie schnell noch größeren Schaden an. Steckt der Fremdkörper im Hals, so hinterlässt er nach dem Entfernen eine Wunde, die schnell durch Bakterien infiziert werden kann, was zu schweren Entzündungen führt. Diese Wunden müssen antibiotisch versorgt werden. Ziehen Sie einen Tierarzt zu Hilfe und überbrücken Sie die Zeit im Notfall mit einer Mund-zu-Nase-Beatmung.

Ist der Fremdkörper im Magen-Darm-Trakt, so hat der Hund im Falle eines Verschlusses einen aufgebläht wirkenden Bauch und Schmerzen bei der Berührung. Hier muss sofort der Tierarzt aufgesucht werden und der Gegenstand zur Not operativ entfernt werden. Leiten Sie in diesem Fall kein Erbechen ein, wenn sich der Hund nicht schon übergibt. Der Fremdkörper könnte weitere Schäden beim Würgen und Passieren des Rachens auslösen. In jedem Fall müssen Sie den Tierarzt informieren.

Bisswunden und ähnliche Verletzungen

Die Schwere von Biss- und ähnlichen Verletzung hängt vor allem davon ab, wie tief, groß und wie stark blutend die Wunde ist. Handelt es sich bei der Verletzung nur um eine oberflächliche Abschürfung, genügt eine ausreichende Säuberung und Desinfektion der Wunde. Um einen Verband zu befestigen und eine Verunreinigung der Wunde durch das eigene Fell zu verhindern, sollten Sie das Fell an den Seiten der Wunde abrasieren.

Stellen Sie eine tiefe Wunde fest, muss diese unbedingt von einem Tierarzt versorgt werden. Sie sollten die Wunde zunächst nur reinigen und desinfizieren, ein notdürftiger Verband sollte einer neuerlichen Verunreinigung vorbeugen. Blutet die Wunde stark, legen Sie eine Kompresse an, um einen stärkeren Blutverlust zu verhindern.

Suchen Sie in jedem Fall so schnell wie möglich einen Tierarzt auf, der die Wunde adäquat versorgen und die Nachbehandlung übernehmen kann. Bei leichteren Wunden genügt dies am nächsten Tag, schwerere Wunden müssen sofort weiterbehandelt werden.

Überprüfen Sie bei dieser Gelegenheit auf jeden Fall den bestehenden Tollwutimpfschutz Ihres Hundes, gerade bei Bissen von anderen Tieren.

Blutungen

Blutungen müssen schnell gestoppt werden. Bei Bissen, Schnitten oder ähnlichen Verletzungen, kann die Wunde sehr stark bluten, was zu einem erheblichen Blutverlust führt, der auch tödlich enden kann. Um die Blutung zu stoppen, legen Sie eine Kompresse (Druckverband) an, die Bestandteil Ihrer Erste-Hilfe-Ausrüstung sein sollte. Haben Sie gerade keinen passenden Verband zur Hand, genügt auch normales Verbandszeug, das Sie fester anlegen sollten. Hierbei muss der Druck so stark sein sein, dass die Blutung gestoppt wird, aber noch locker genug, um die Durchblutung nicht zu unterbinden. Lockern Sie den Verband alle 15 Minuten, um die Durchblutung zu fördern und keine Körperteile abzuschnüren. Auf jeden Fall muss der Tierarzt die Wunde betrachten und sofort eingeschaltet werden. Auch kleinere Blutungen, die Sie selbst auch ohne Druckverband mit Wundsalbe oder Pulver zum Stillstand bringen können, sollten vom Tierarzt nachkontrolliert werden.

Elektrischer Schlag

Achten Sie gerade bei Welpen und heranwachsenden Hunden darauf, dass kein
Stromkabel in Ihre Nähe kommt oder sie
längere Zeit unbeobachtet die Möglichkeit
haben, auf einem Stromkabel herumzu-
kauen. Es gibt inzwischen die unterschiedlichsten Möglichkeiten, Schutzschalter im
Stromkreis einzubauen, die bei kleinsten
Kurzschlüssen die Leitungen unterbrechen.
Informieren Sie sich hierzu nach dem aktuellen Angebot bei Ihrem Elektrohändler. Ist
Ihr Hund von einem elektrischen Schlag
getroffen worden, unterbrechen Sie zunächst den Stromkreis, indem Sie die Siche-
rung herausnehmen, und bringen Sie Ihren
Hund sofort zum Tierarzt. Oft hinterlassen
Stromschläge zunächst symptomlose, innere Verletzungen, die dann erst zu spät
bemerkt werden.
Sollte Ihr Hund nach dem Schlag leblos
sein, beginnen Sie mit Wiederbelebungsmaßnahmen.

Verbrennungen

Verbrennungen sind für Ihren Hund immer
schmerzhaft und können zu schweren
Sekundärinfektionen führen. Je größer die
Brandwunde ist, desto anfälliger ist die
Wunde für Bakterien, die zu großflächigen
Entzündungen führen können. Auf jeden
Fall müssen Sie mit einer Verbrennung
sofort den Tierarzt, bei großflächigen Ver-
brennungen am besten gleich die Tierkli-
nik besuchen. Die langwierige Behandlung

In der Natur ver-
steht es der
Hund, instinktiv
Gefahren zu
erkennen. Im
Umfeld des Men-
schen muss er
dies erst lernen.
Dabei stellt auch
die Elektrizität
eine ihm unbe-
kannte Be-
drohung dar und
Sie sollten alle
Vorkehrungen
treffen, um es
nicht zu einem
Unfall kommen
zu lassen.
Foto: I. Francais

und Heilung ist begleitet von täglichen Verbandswechseln und einer peniblen Hygiene, um Sekundärinfektionen zu vermeiden. Aus diesem Grund werden auch antibakterielle Salben aufgetragen. Als Komplikation kann gerade bei schwereren Verbrennungen ein Schock hinzukommen.

Schock

Ein Schock ist immer eine lebensbedrohliche Situation. Die Pupillen zeigen sich geweitet, zu einem flachen, schnellen Puls kommt eine flache Atmung. Beides führt unter anderem zu einer Abkühlung der Körpertemperatur und einer allgemeinen Schwäche. Die Ursachen können unterschiedlicher Natur sein, meist handelt es sich jedoch um Notsituationen in Folge starker Verletzungen. So kann zum Beispiel ein starker Blut- oder Flüssigkeitsverlust, Panik oder auch eine starke Allgemeininfektion (Sepsis) zu einem Schock führen. Nach der Erstversorgung bringen Sie Ihren Hund so schnell wie möglich zum Tierarzt.

Hitzschlag

Zum Hitzschlag kommt es, ganz einfach gesprochen, wenn sich die Körpertemperatur Ihres Hundes über ein natürliches Maß erhöht. Dies geschieht vor allem dann, wenn Ihr Hund über einen längeren Zeitraum ungeschützt hohen Temperaturen ausgesetzt ist. Dies ist dann der Fall, wenn Sie Ihren Hund beispielsweise im Auto zurücklassen oder auch in der Sonne anbinden. Hierbei hat der Hund keine Möglichkeit, der Erwärmung zu entweichen und einer Überhitzung zu entkommen. Sie sehen, dass ein vorsichtiges Verhalten Ihrerseits einmal mehr der beste Schutz Ihres Hundes ist. Vor einem Hitzschlag ist prinzipiell kein Hund sicher, jedoch gibt es

prädestinierte Rassen, die besonders anfällig sind. Dies sind Rassen mit einem kurzen, wenig isolierenden Fell, Rassen mit dunklem Fell und Rassen mit einer kurzen Schnauze, die das natürliche Kühlsystem der Hunde darstellt.

Die Anzeichen für einen Hitzschlag sind neben einer flachen, schnellen Atmung, eine erhöhte Körpertemperatur und ein schneller Herzschlag. Dieser Zustand ist äußerst instabil und kann schnell in einer Bewusstlosigkeit enden. Schnelle Hilfe ist hier überlebenswichtig.

In praller Sonne kann es schnell zu einer Überhitzung und einem Hitzschlag kommen. Eine rechtzeitige Abkühlung ist unbedingt notwendig. Foto: Fam. Zoeger

Ihr erstes Ziel muss sein, den Hund auf seine natürliche Körpertemperatur von ungefähr 38° C abzukühlen. Hierbei ist jedoch Vorsicht geboten, denn eine zu schnelle Abkühlung würde automatisch zu einem Kreislaufversagen und somit einem lebensbedrohlichen Schockzustand führen. Kühlen Sie Ihren Hund am besten mit kühlem, aber auf keinen Fall mit eiskaltem Wasser, das Sie langsam über den Hund laufen lassen. Besser Sie umwickeln die Pfoten mit feuchten Tüchern und übergießen den Körper des Hundes zusätzlich

mit kühlem Wasser. Kontrollieren Sie hierbei ständig die Körperfunktionen des Hundes, vor allem die Temperatur und den Herzschlag. In schwereren Fällen ist der Organismus des Tieres so stark geschwächt, dass der Kreislauf nicht zu stabilisieren ist. Die Temperatur fällt auch nach Beendigung der Kühlung weiter und der Hund gerät erneut in eine lebensbedrohliche Situation. In einem solchen Fall müssen Sie den Hund in Decken wickeln und sofort zur tierärztlichen Behandlung transportieren. Auch für den Fall, dass der Hund seine normale Körpertemperatur wiedererlangt, sollte eine Nachuntersuchung unbedingt stattfinden.

Unterkühlungen und Erfrierungen

Bei Hunden sprechen wir ab einer Körpertemperatur von circa 36° C und darunter von einer Unterkühlung. Diese tritt dann ein, wenn der Hund zu lange extrem kalten Temperaturen ausgesetzt ist. Da Hunde, wie alle warmblütigen Tiere über recht wirksame Mechanismen zur Wärmeproduktion verfügen, unterkühlen erwachsene Hunde nur bei sehr niedrigen Temperaturen oder bei einer allgemeinen Schwächung des Organismus. Gerade ältere Hunde und Welpen können aber schon bei weniger dramatischen Temperaturen leichter unterkühlen, achten Sie hier besonders auf erste Anzeichen.

Neben einer deutlichen Absenkung der Körpertemperatur können Sie eine allgemeine Unruhe und eintretende Schwächung des Hundes beobachten.

Sorgen Sie unbedingt für eine langsame und gleichmäßige Erwärmung des unterkühlten Hundes mittels Decken, Wärmflasche oder Heißpacks. Suchen Sie bei schweren Unterkühlungen gerade bei geschwächten Tieren den Tierarzt auf.

Eine ernsthaftere Bedrohung für Ihren Hund stellen Erfrierungen dar. Hier müssen Sie die erfrorenen Körperstellen vorsichtig massieren, am besten mit Schnee oder mit in kaltem Wasser getränkten Tüchern. Erfrorene Gliedmaßen können Sie nach einiger Zeit in gefüllte Wasserbehälter stellen und die Temperatur langsam auf die Körpertemperatur steigern. Bei Erfrierungen an den Ohren umwickeln Sie diese mit feuchten Verbänden, deren Temperatur Sie ebenfalls steigern. Auf jeden Fall müssen Sie schnellstmöglich einen Tierarzt aufsuchen, der die weitere Behandlung in die Hand nimmt.

Verdauungsprobleme

Halten Verdauungsstörungen länger an, ist unbedingt der Tierarzt aufzusuchen. Handelt es sich allerdings nur um oberflächliche Probleme, verschwinden die Probleme nach ein bis zwei Tagen meist von selbst..

Es ist nicht beunruhigend, wenn Ihr Hund einen Tag mal keinen Stuhlgang hat. Sie sollten aber nicht versuchen, das Problem durch alte Hausmittelchen zu beseitigen, sondern klären Sie die Ursache. Hält die Verstopfung an, wenden Sie sich unbedingt an Ihren Tierarzt.

Ein Durchfall ist meist unproblematisch, tritt er nur ein oder zwei Tage auf, ohne von Erbrechen begleitet zu sein. Sollte der Durchfall länger als einen Tag andauern, sich nicht bessern oder dramatisch verlaufen, müssen Sie schnellstmöglich einen Tierarzt aufsuchen, denn der Elektrolyt- und Wasserverlust kann schnell zu einer inneren Austrocknung führen und tödlich enden. Gerade bei Brech-Durchfall kann es sehr schnell zu lebensbedrohlichen Situationen kommen.

Epileptische Anfälle und Krämpfe

Die Bandbreite der Auswirkungen und Schwere von epileptischen Anfällen und Krämpfen bei Hunden ist sehr weit, und kann sowohl fast unmerklich aber auch lebensbedrohlich für den Hund verlaufen. Es gibt einige Rassen, bei denen Anfälle häufiger beobachtet werden, jedoch können die meisten Hunde einen solchen Anfall erleben. Zu klären ist auf jeden Fall die Ursache für den Anfall.

Die Anzeichen sind einheitlich. Neben einem unkontrollierten Zucken einzelner Gliedmaßen kann es zu recht dramatischen Verkrampfungen des gesamten Körpers kommen. Die Anfälle dauern in der Regel nicht länger als ein bis zwei Minuten und bleiben in der Regel meist folgenlos.

Helfen können Sie Ihrem Hund in dieser Zeit nicht. Am besten lassen Sie ihn in Ruhe seinen Anfall durchleben, denn in dieser unkontrollierten Situation könnte er Sie beißen oder sonstwie verletzen. Die Gefahr, dass der Hund bei einem epileptischen Anfall seine Zunge verschluckt, ist nicht gegeben. Im schlimmsten Fall erlebt Ihr Hund eine Bewusstlosigkeit, während der er auch unkontrolliert Kot oder Urin ausscheiden kann. Manche Anfälle und Krämpfe verlaufen aber auch beinahe symptomlos, so dass Sie diese gar nicht groß wahrnehmen.

An den Tierarzt sollten Sie sich trotzdem wenden, denn krampfartige Anfälle können Anzeichen für tiefer liegende Gesundheitsprobleme sein, gerade wenn sie häufiger auftreten. Auch nach einzelnen, besonders schweren Anfällen, die auch länger andauern können, müssen Sie einen Tierarzt zu Rate ziehen.

Augen

Verletzungen und Veränderungen an den Augen sind immer eine heikle Angelegenheit und sicher kein Betätigungsfeld für den Laien, sondern immer für den Tierarzt. Zu den akuten Zuständen zählen sowohl Hornhautverletzungen als auch Augen, die aus der Augenhöhle herausgetreten sind. Hier sind sofortige Maßnahme unbedingt erforderlich.

Gerötete Augen weisen auf eine Reizung hin, die durch Stoffe (zum Beispiel Wasch- und Putzmittel oder ungelöschter Kalk auf Baustellen), Allergien oder Fremdkörper im Auge verursacht sein können. Wenn Sie die Ursache nicht genau kennen, versuchen Sie bitte nicht, das Übel durch Spülungen mit Wasser zu beseitigen, denn Wasser kann bei bestimmten Stoffen zu einer Auflösung und Verteilung führen. Suchen Sie besser sofort den Tierarzt auf, der das Auge genauer untersuchen kann. Ständig tränende Augen können auf unterschiedlichste Allergien hinweisen, die genauer untersucht werden müssen.

Trübungen der Linse, der Vorfall der Nickhaut oder schlaffe, hängende Augenlider sind meist Anzeichen ernsthafterer Erkrankungen und machen einen Tierarztbesuch unabdingbar.

Bei Verletzungen des Auges muss dieses unbedingt geschlossen und feucht gehalten werden. Ein Verband um den Kopf des Hundes wird nicht halten, da der Hund diesen abzustreifen versucht. Besser legen Sie auf das verletzte Auge einen nassen Wattebausch und halten den Kopf selbst fest. Je nach Schwere der Augenverletzung fahren Sie zum Tierarzt oder gleich in eine Tierklinik.

Impfreaktionen

In seltenen Fällen kann es bei Ihrem Hund zu einer Überempfindlichkeit gegen einzelne Impfstoffe kommen – eine sogenannte anaphylaktische Reaktion bis hin zum Schockzustand ist die Folge. Eine Schwellung der Schnauzenregion und der

Augenverletzungen sind immer ein Fall für den Tierarzt. Entfernen Sie keine Fremdkörper selbst, sondern fahren Sie auf dem schnellsten Weg zu einem Spezialisten. Stellen Sie Veränderungen an den Augen Ihres Sennenhundes fest, die auf eine Erkrankung hindeuten, sollte der Tierarzt eine genaue Diagnose stellen, um der Krankheit im Frühstadium begegnen zu können.
Foto: I. Francais

Einstichstelle kurze Zeit nach der Impfung sind eindeutige Anzeichen. Bringen Sie den Hund unbegingt sofort zum Tierarzt, der die notwendigen Gegenschritte einleitet. Die Situation ist meist nicht lebensbedrohlich, muss jedoch behandelt werden. Da die meisten Impfungen lebensnotwendig und dringend vorgeschrieben sind, können sie nicht einfach umgangen werden. Unterrichten Sie Ihren Tierarzt daher bei folgenden Impfungen immer über bereits bekannte Unverträglichkeiten Ihres Hundes.

Aufgeblähtheit
Siehe bei Magendrehung. **83**

Darmparasiten
Die häufigsten bei Hunden auftretenden Darmparasiten sind Bandwürmer, Hakenwürmer, Peitschenwürmer und Rundwürmer. **92**

Demodex-Milbe
Milbenart, die eine Art der Räude hervorruft. **91**

Ellbogengelenksdysplasie
Die Erkrankung entsteht durch eine anormale Entwicklung der Elle, einem der Unterarmknochen, daraus resultiert ein instabiles Ellbogengelenk. **75**

Epilepsie
Ererbte chronische Erkrankung des Nervensystems. **77**

Erste Hilfe **100**

Flöhe
Es handelt sich nicht nur um den unangenehmsten Außenparasiten, sondern zudem um ein Insekt, das viele Krankheiten überträgt. **85**

FSME
Durch Zecken übertragene Viruserkrankung. **88**

Giardiase
Einzellerinfektion des Darms, siehe auch bei Kokzidiose. **99**

Grauer Star (Katarakt)
Fortschreitende Linsentrübung, die zu völliger Erblindung führen kann. **80**

Hepatitis, Gelbsucht
Virusbedingte und hoch ansteckende Leberentzündung, gegen die es wirksame Impfstoffe gibt. **96**

Hüftgelenksdysplasie
Eine genetisch bedingte Missbildung der Gelenkkugel und der Gelenkpfanne der Hüfte, je nach Ausprägung mehr oder weniger schmerzhaft. **74**

Infektionskrankheiten
Jede Art von Erkrankung, die durch Bakterien, Viren oder Einzeller ausgelöst wird. **95**

Kokzidiose und Giardiase
Infektionskrankheiten, die vor allem Welpen befallen und von Einzellern (Protozoen) hervorgerufen werden. **99**

Leptospirose
Bakterielle Infektion, die zu Magen-Darm-Störungen führt, es gibt wirksame Impfstoffe. **95**

Lyme-Borreliose
Durch Zecken übertragene Bakterieninfektion. **88**

Magendrehung
Zu viel Luft im Magen bläht diesen auf und der Magen kann sich um die eigene Achse drehen. **83**

Narkolepsie
Vermutlich erbliche Anfallserkrankung, bei der der Hund in einen schlafähnlichen Zustand verfällt.   **82**

Parvovirose
Virusinfektion, die vor allem den Darm schädigt.   **96**

Osteochondrose (OCD)
Eine Knorpelerkrankung der Gelenke, bei der sich das Knorpelgewebe nicht mit dem Knochen verbindet und frei im Gelenk schwimmt.   **76**

Progressive Retinaatrophie (PRA)
Erbliche Erkrankung der Retina (Netzhaut), die zu einer schnell voranschreitenden Verringerung der Sehfähigkeit bis zur Erblindung führt.   **78**

Räude
Jede Art von Hautproblemen, die durch Milben hervorgerufenen wird.   **91**

Schilddrüsenunterfunktion
Eine hormonelle Funktionsstörungen der Schilddrüse.   **82**

Staupe
Eine Virusinfektion, die typischerweise in verschiedenen, aufeinanderfolgenden Stadien verläuft.   **97**

Toxoplasmose
Ein Krankheit, die durch den Einzeller *Toxoplasma gondii* hervorgerufen wird.   **99**

Tollwut
Virusinfektion, die ohne Impfschutz zum Tod führt und auch den Menschen befallen kann.   **98**

Tracheobronchitis
Erkrankung der Atemwege, siehe auch bei Zwingerhusten.   **95**

Virusinfektionen
Hunde können von verschiedenen Viruserkrankungen wie Staupe, Hepatitis, Parvovirose oder Tollwut befallen werden.   **96**

Zecke
Rötlich brauner bis graublauer, blutsaugender Ektoparasit, auch Schildzecke genannt, der gefährliche Krankheitserreger übertragen kann.   **88**

Zwingerhusten
Eine infektiöse Entzündung der Luftröhre und der Bronchien (siehe Tracheobronchitis).   **95**

Mein Schweizer Sennenhund

Platz für das erste Foto Ihres Welpen

_____

Mein Hund heißt

_____   _____

Mutter   **Vater**

_____

Züchter

Geburtsdatum

Hundemarkennummer

Besondere Kennzeichen (Tätowierung, Fellfarbe etc.)

Tierarzt   **Telefon**

Adresse des Tierarztes

Tierklinik

Besondere Termine (Impfungen, Untersuchungen)

Datum	Art	Datum	Art

So fühlt sich Ihr Hund pudelwohl!

Hier wird anschaulich beschrieben, wie Gesundheits- und Verhaltensprobleme durch massageähnliche Griffe und gezielte Übungen gelindert werden können.
Schritt für Schritt werden die unterschiedlichen TTouches® und das richtige Training erklärt.
Ein hilfreicher Leitfaden, mit dem alle Hunde ausgeglichen und fröhlich bleiben.

Anti-Stress-Programm für Hunde.
Entspannter Hund durch TTouch® und Bodenarbeit.
S. Fisher. 2009. 128 S., 296 Farbf., geb.
ISBN 978-3-8001-5742-6.

Massage und Physiotherapie bei Hunden. Beweglichkeit verbessern und Schmerzen lindern.
A. Mauring, G. Lutsch. 2007.
76 S., 53 Farbf., 6 Zeichn., geb.
ISBN 978-3-8001-4996-4.

Ein aktueller Ratgeber, der alle Fragen rund um den Hundealltag beantwortet.

Das große Ulmer Hundebuch. H. Schmidt-Röger.
2008. 272 S., 280 Farbf., geb.
ISBN 978-3-8001-5376-3.

Spaßschule für Hunde.
58 Tricks und viele Übungen.
C. del Amo. 2. Auflage 2010.
127 S., 53 Farbf., 20 Zeichn.,
kart. ISBN 978-3-8001-5662-7.

www.ulmer.de